Lecture Notes in Economics and Mathematical Systems

Operations Research, Computer Science, Social Science

Edited by M. Beckmann, Providence, G. Goos, Karlsruhe, and H. P. Künzi, Zürich

73

H. Kiendl

Suboptimale Regler mit abschnittweise linearer Struktur

Rechnerunterstützte Synthese und Realisierung spezieller nichtlinearer Regelungssysteme

Springer-Verlag
Berlin · Heidelberg · New York 1972

Dr. Harro Kiendl
Dozent am Lehrstuhl für
Elektrische Steuerung und Regelung
Ruhr-Universität
463 Bochum-Querenburg
Buscheystraße

AMS Subject Classifications (1970): 93 C 10, 93 C 05, 93 D 15

ISBN-13: 978-3-540-05999-8 e-ISBN-13: 978-3-642-80714-5
DOI: 10.1007/978-3-642-80714-5

Softcover reprint of the hardcover 1st edition 1972

Vorwort

Dieses Buch ist am Lehrstuhl für Elektrische Steuerung und Regelung an der Ruhr-Universität Bochum aus einer Habilitationsschrift entstanden [20]. Gegenüber dieser Schrift sind in der vorliegenden Arbeit die Kapitel III und IV genauer ausgeführt sowie die Kapitel V und VII wesentlich geändert und erweitert worden. Die Grundzüge der Kapitel VI, IV und VII wurden schon zu früherer Zeit vorgetragen [33].

Der Ausgangspunkt für die vorliegende Arbeit liegt in konkreten Aufgabenstellungen der Regelungstechnik, die mit den bisher bekannten Methoden nur mehr oder weniger befriedigend zu lösen sind, wenn für dynamisch veränderliche Größen (Steuer- und Zustandsgrößen) Beschränkungen vorgegeben sind. Es wird eine spezielle Strategie entwickelt, aus der Regelalgorithmen bzw. Regler resultieren, die auf die Berücksichtigung derartiger Beschränkungen zugeschnitten sind. Auf der Basis dieser Strategie werden eine Reihe von Entwurfs- und Realisierungsverfahren im einzelnen beschrieben, die wesentlich auf die Verwendung eines Digitalrechners als Syntheseinstrument abgestimmt sind. Aus diesen "rechnergestützten Verfahren" ergeben sich schließlich sehr einfache Regler, die mit Hilfe analoger Bauelemente ohne großen Aufwand zu realisieren sind.

Dieses Buch ist für den Gebrauch des Ingenieurs oder Studenten geschrieben, der sich für Probleme mit Beschränktheitsforderungen und im Zusammenhang damit für den rechnerunterstützten Entwurf von nichtlinearen Reglern interessiert. An regelungstechnischen Kenntnissen werden die Grundlagen der linearen Theorie vorausgesetzt, nicht aber Optimaltheorie oder nichtlineare Theorie. Von Vektor- und Matrizenrechnung wird ausführlicherer Gebrauch gemacht. Zur Bequemlichkeit des Lesers wird bei den Literaturangaben nicht ausschließlich auf Originalarbeiten sondern vielfach auf Standard-Lehrbücher verwiesen.

Zum Schluß möchte ich danken, und zwar Herrn Professor Dr. phil. nat. G. Schneider für die Ermutigung zu dieser Arbeit und für zahlreiche anregende Diskussionen, ferner der Deutschen Forschungsgemeinschaft für Unterstützung und nicht zuletzt Frau R. Knippschild für die mühevolle Schreibarbeit.

Bochum, im Juni 1972 Harro Kiendl

VORWORT

Inhaltsverzeichnis

1. Einleitung

Eine zentrale Aufgabenstellung der Regelungstechnik besteht darin, ein vorgegebenes technisches dynamisches System durch eine geeignete Zusatzeinrichtung zu einem Gesamtsystem zu ergänzen, das bestimmte in der Praxis erwünschte dynamische Eigenschaften besitzt. Im Zusammenhang mit dieser Aufgabenstellung wird das vorgegebene System auch als *Regelstrecke*, die Zusatzeinrichtung als *Regler* und das resultierende Gesamtsystem als *geregeltes System* oder als *Regelkreis* bezeichnet. Bild 1 zeigt die prinzipielle Struktur eines Regelkreises. Die Aufgabe einer

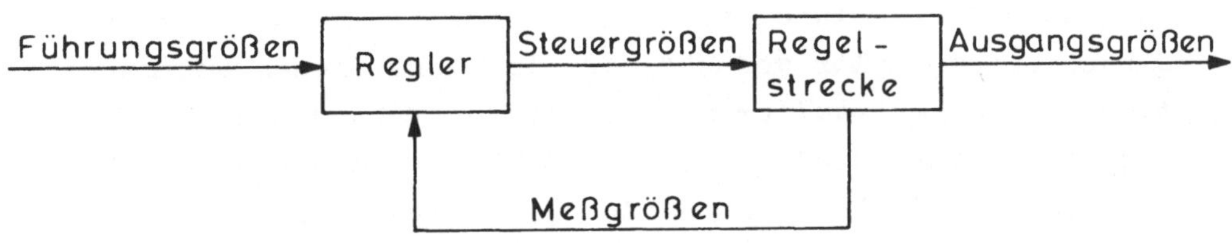

Bild 1 Prinzipielle Struktur eines Regelkreises

derartigen Anordnung liegt allgemein darin, gewisse interessierende dynamische Größen der Regelstrecke (die *Ausgangsgrößen*) durch geeignete äußere Kommandos (durch *Führungsgrößen*) in einem bestimmten gewünschten Sinne zu beeinflussen. Charakteristisch für einen Regelkreis ist, daß die unmittelbar auf die Regelstrecke wirkenden dynamischen Größen (die *Steuergrößen*) nicht ausschließlich von den Führungsgrößen, sondern *auch vom dynamischen Zustand der Regelstrecke abhängig* sind. Hierzu werden die Führungsgrößen sowie gewisse *Meßgrößen*, in denen Information über den aktuellen dynamischen Zustand der Regelstrecke enthalten ist, einem geeigneten Regler zugeführt und dort in dynamische Größen umgesetzt, die auf die Regelstrecke wirken. Auf diese Weise entsteht eine *Rückführungsstruktur*, die auch als *geschlossener Wirkungskreis*, als *rückgekoppeltes System* oder kurz als *Regelkreis* bezeichnet wird.

In der konventionellen Regelungstechnik werden seit langer Zeit *lineare Übertragungssysteme* als Regler verwendet. Sie sind einfach zu realisieren, und es sind eine ganze Reihe von Verfahren bekannt, mit denen es möglich ist, die Reglerparameter so zu bestimmen, daß das resultierende geregelte System *gewissen* gestellten Anforderungen *ausreichend gut* entspricht. Dazu gehören das Übertragungs- und Stabilitätsverhalten sowie

Unempfindlichkeit gegenüber Störungen und gegenüber Variationen der Parameter, die das dynamische Verhalten der Regelstrecke charakterisieren. In der Praxis wird jedoch oft als *Nebenbedingung* die Forderung gestellt, daß die Steuergrößen oder auch gewisse innere Zustandsgrößen der Regelstrecke bestimmte Maximalbeträge nicht überschreiten dürfen. Derartige *Beschränktheitsforderungen* lassen sich - wie gezeigt wird - *mit einem linearen Regler prinzipiell* nur *unbefriedigend* berücksichtigen.

In der modernen Regelungstheorie wird dagegen nicht von vornherein von einer festen (z. B. linearen) Struktur des Reglers ausgegangen. Stattdessen wird zunächst versucht, die in der Praxis erwünschten Systemeigenschaften durch ein geeignetes *Gütemaß* quantitativ zu erfassen. Alsdann wird nach einem Regler gesucht, der im Sinne dieses Gütemaßes zu einem *optimalen Systemverhalten* führt. Mit den Methoden der Optimaltheorie ist es in einer großen Klasse von Fällen jedenfalls im Prinzip möglich, die *mathematische Struktur* des gesuchten optimalen Reglers zu bestimmen, und zwar auch dann, wenn Beschränktheitsforderungen zu erfüllen sind. Diese mathematische Struktur, die oft selbst bereits als optimaler Regler angesprochen wird, stellt sich im allgemeinsten Fall als *explizites Funktional* oder als *rekursiver Algorithmus* dar, aus dem sich die aktuellen Steuergrößen in Abhängigkeit von den aktuellen und in der Vergangenheit liegenden Werten der Führungs- und Meßgrößen ergeben. Die resultierenden Funktionale bzw. Algorithmen sind allerdings i.a. so kompliziert, daß ihre *Realisierung oft nur mit Hilfe eines Digitalrechners* möglich ist. Ein weiterer Mangel der Optimaltheorie rührt daher, daß es sehr schwierig ist, einfach zu handhabende Gütemaße zu finden, die das in der Praxis erwünschte Systemverhalten ausreichend gut erfassen. Aus diesem Grunde ist man dann in der Optimaltheorie z.T. dazu gezwungen, mit Gütemaßen zu arbeiten, die gewisse praktische Gütegesichtspunkte unberücksichtigt lassen. In solchen Fällen können sich Regler ergeben, die - *gerade weil sie in Bezug auf einen partiellen Gesichtspunkt optimal sind* - in Bezug auf die unberücksichtigten Gütegesichtspunkte besonders ungünstig und daher für die praktische Anwendung nur bedingt geeignet sind.

In der vorliegenden Arbeit wird ein Verfahren zur Synthese von Reglern beschrieben, das in einem bestimmten Sinne zwischen den konventionellen und den Methoden der Optimaltheorie steht. Dieses Verfahren geht von dem Gedanken aus, *anstelle eines einzigen linearen Reglers mehrere zu verwenden, von denen aber nur jeweils einer in Abhängigkeit vom dyna-*

mischen Zustand der Regelstrecke tatsächlich eingeschaltet wird. Ausgehend von bekannten Ergebnissen der linearen Theorie ist es auf diese Weise möglich, zu *zeitinvarianten linearen Regelstrecken beliebiger Ordnung* nichtlineare Regler zu entwerfen, die in Bezug auf ein gewähltes Gütemaß zwar nicht optimal, aber doch linearen Reglern weit überlegen sind. Die resultierenden Regler können daher als *suboptimal* angesprochen werden. Und zwar lassen sie sich von vornherein so einrichten, daß *Beschränkungen*, die für die *Steuergrößen* oder auch für *Zustandsgrößen* vorgegeben sind, unter allen Umständen eingehalten werden.

Für die praktische Verwendbarkeit ist entscheidend, daß das vorliegende Verfahren zu Reglern führt, die sich mit *relativ geringem Aufwand* realisieren lassen. Und zwar ergeben sich aus den *unterschiedlichen Varianten* des hier beschriebenen Syntheseverfahrens entweder einfache Regelalgorithmen, die mit einem *bescheidenen Digitalrechner* zu handhaben sind, oder man erhält (explizite oder numerisch konstruierte) Steuergesetze, die sich mit Hilfe *analoger Bauelemente* realisieren lassen.

In Kapitel I der vorliegenden Arbeit werden bekannte *Grundlagen aus der Systemtheorie* zusammengestellt, soweit sie für die nachfolgenden Ausführungen von Bedeutung sind. Daran schließt sich in Kapitel II die *Formulierung einer Grundaufgabe* an, auf die man die regelungstechnische Aufgabenstellung zurückführen kann, die Ausgangsgröße einer Regelstrecke zu stabilisieren bzw. sie auf einen veränderten Sollwert einzustellen. In Kapitel III wird anhand einiger *Bemerkungen zu bekannten Syntheseverfahren* illustriert, daß sich die oben formulierte Grundaufgabe mit den bekannten Verfahren nur mehr oder minder befriedigend lösen läßt. Insbesondere ergibt sich in Abschnitt 12, daß *lineare Regler* in diesem Zusammenhang *prinzipiell mangelhaft* sind. Auf der Grundlage dieser Analyse wird in Kapitel IV *ein Verfahren zur Synthese suboptimaler Regler mit abschnittweise linearer Struktur* zu kontinuierlichen zeitinvarianten linearen Regelstrecken beliebiger Ordnung entwickelt. Dieses Verfahren führt zu Regelalgorithmen, die frei von dem prinzipiellen Mangel linearer Regler sind.

In Kapitel V schließen sich eine Reihe von *Modifikationen und Erweiterungen des* vorliegenden *Syntheseverfahrens* an. Sie zielen z. T. auf eine Vereinfachung des resultierenden Regelalgorithmus ab, so daß für die Realisierung des Reglers ein bescheidener Digitalrechner oder sogar analoge Rechenelemente ausreichend sind. Andere Modifikationen beziehen sich auf eine Verbesserung des resultierenden Systemverhaltens. Insbesondere wird in Abschnitt 26 angegeben, wie die Forderung nach *Zeitoptimalität* im Rahmen des vorliegenden Verfahrens in suboptimaler Weise berücksichtigt werden kann. Ferner wird in Abschnitt 28 skizziert, daß eine Übertragung des Syntheseverfahrens auf *Abtastsysteme* möglich ist.

Eine konzeptionell etwas stärker abgewandelte Variante des vorliegenden Syntheseverfahrens wird in Kapitel VI angegeben. Es handelt sich dabei um eine *Synthese aufgrund ineinandergeschachtelter abgeschlossener Gebiete beschränkter Steuergröße*. Und zwar basiert dieses Verfahren auf der Einteilung des Zustandsraumes in Zonen, denen unterschiedliche lineare Steuergesetze zugeordnet sind. Von der Konzeption her ist diese Variante weniger allgemein, sie führt jedoch unmittelbarer zu einfachen Reglern, die mit Hilfe analoger Bauelemente realisierbar sind.

In Kapitel VII wird schließlich ein generelles Verfahren zur *Realisierung von Steuergesetzen in Gestalt kontinuierlicher elektrischer Übertragungssysteme* beschrieben. Es zielt darauf ab, Regler, die als komplizierte Algorithmen vorliegen, mit Hilfe analoger Bauelemente (Widerstände, Dioden und Operationsverstärker) zu realisieren. Dieses Verfahren ist insofern von dem zuvor beschriebenen Syntheseverfahren unabhängig, als es auch zur Realisierung von Steuergesetzen verwendet werden kann, die aus irgendwelchen anderen Syntheseverfahren resultieren.

I Grundlagen aus der Systemtheorie

In diesem Kapitel werden zur Bequemlichkeit des Lesers einige Grundlagen aus der Systemtheorie zusammengestellt, soweit sie für die nachfolgenden Ausführungen von Bedeutung sind [1] , [2] . Ferner wird eine technische Regelstrecke angegeben, die später wiederholt als Beispiel dient.

2. Lineare Übertragungssysteme

Bild 2 zeigt die Struktur einer technischen Regelstrecke mit einer Ein-

Bild 2 Struktur einer Regelstrecke mit einer Eingangs- und einer Ausgangsgröße

gangsgröße (Steuergröße) u(t) und einer Ausgangsgröße y(t). Derartige praktisch realisierte Regelstrecken verhalten sich in strenger Sicht i.a. nichtlinear und sind in ihrem Übertragungsverhalten zeitlich nie ganz konstant. Sie lassen sich jedoch oft mit ausreichender Genauigkeit durch zeitinvariante lineare Übertragungssysteme endlicher Ordnung n mit der allgemeinen Gestalt

$$\begin{aligned} \dot{\underline{x}} &= \underline{A}\,\underline{x} + \underline{b}\,u \\ y &= \underline{c}^T \underline{x} \end{aligned} \qquad (1)$$

beschreiben. Darin stellt $\underline{x}$ den n-dimensionalen Zustandsvektor dar, dessen reelle Komponenten x_i die einzelnen Zustandsgrößen sind. Ferner bezeichnet $\underline{A}$ die reellwertige und konstante quadratische Systemmatrix, während $\underline{b}$ und $\underline{c}^T$ reellwertige und konstante Spalten- bzw. Zeilenvektoren sind. Die Steuergröße u sowie die Ausgangsgröße y sind gewöhnliche reelle Skalare.

Das dynamische Verhalten solcher linearen Übertragungssysteme (1) läßt sich bekanntlich explizit beschreiben: Befindet sich der Zustandsvektor zum Zeitpunkt t_o im Zustand $\underline{x}(t_o)$ und wird von diesem Zeitpunkt an eine stückweise stetige Steuerfunktion u(t) auf das System geschaltet, so resultiert eine eindeutig bestimmte stetige Zustandstrajektorie $\underline{x}(t)$. Und zwar ist sie im LAPLACEbereich (Frequenzbereich) durch den Ausdruck

$$\mathcal{L}\{\underline{x}\} = (s\underline{E}-\underline{A})^{-1}\underline{x}(t_o) + (s\underline{E}-\underline{A})^{-1}\underline{b}\mathcal{L}\{u\} \tag{2}$$

gegeben, in dem $\mathcal{L}$ den Übergang zur LAPLACEtransformierten und $\underline{E}$ die Einheitsmatrix bezeichnen. Von den beiden Termen dieses Ausdrucks hängt ersichtlich der erste - abgesehen von den Systemparametern - nur von der Anfangsauslenkung $\underline{x}(t_o)$ des Zustandsvektors und der zweite nur von dem Verlauf der Steuergröße u(t) ab. Ist die Steuergröße identisch Null, so ergibt sich durch Rücktransformation für den Verlauf der Trajektorie im Zeitbereich die Beziehung

$$\underline{x}(t_o+t) = \underline{\phi}(t)\ \underline{x}(t_o) \quad , \tag{3}$$

worin die Matrix $\underline{\phi}(t)$ durch

$$\underline{\phi}(t) = \mathcal{L}^{-1}\{(s\underline{E}-\underline{A})^{-1}\} \tag{4}$$

gegeben ist und als Transitionsmatrix bezeichnet wird.

Durch Multiplikation von Gl.(2) mit $\underline{c}^T$ von links wird für die LAPLACE-transformierte der Ausgangsgröße y der Ausdruck

$$\mathcal{L}\{y\} = \underline{c}^T(s\underline{E}-\underline{A})^{-1}\underline{x}(t_o) + \underline{c}^T(s\underline{E}-\underline{A})^{-1}\underline{b}\mathcal{L}\{u\} \tag{5}$$

erhalten, der wiederum aus zwei Termen zusammengesetzt ist, die nur von $\underline{x}(t_o)$ bzw. von u(t) abhängen. Gilt für die Anfangsauslenkung speziell

$$\underline{x}(t_o) = \underline{0} \quad , \tag{6}$$

so reduziert sich die Beziehung (5) zu dem Ausdruck

$$\mathcal{L}\{y\} = G(s)\mathcal{L}\{u\} \quad . \tag{7}$$

Darin wird die Funktion G(s), die durch

$$G(s) = \underline{c}^T(s\underline{E}-\underline{A})^{-1}\underline{b} \tag{8}$$

gegeben ist, als Übertragungsfunktion des linearen Systems (1) bezeichnet.

Die Determinante der Matrix $(s\underline{E}-\underline{A})$, aufgefaßt als Funktion von s, stellt ein Polynom

$$\Delta(s) = s^n+\alpha_{n-1}s^{n-1}+ \dots +\alpha_1 s+\alpha_o \tag{9}$$

mit reellen Koeffizienten α_i dar, das charakteristisches Polynom der Matrix $\underline{A}$ genannt wird. Mit ihm läßt sich die Inverse der Matrix $(s\underline{E}-\underline{A})$ in der Form

$$(s\underline{E}-\underline{A})^{-1} = \frac{\text{adj}(s\underline{E}-\underline{A})}{\Delta(s)} \tag{10}$$

schreiben, und dies zeigt, daß sich die Übertragungsfunktion G(s) als Quotient

$$G(s) = \frac{\beta_m s^m + \dots +\beta_1 s+\beta_o}{s^n+\alpha_{n-1}s^{n-1} + \dots +\alpha_1 s+\alpha_o} \tag{11}$$

zweier Polynome mit reellen Koeffizienten darstellen läßt. Darin ist das Zählerpolynom vom Grade höchstens n-1, während das Nennerpolynom als charakteristisches Polynom den Grad n besitzt.

Aus Gl.(8) geht hervor, daß zu voneinander verschiedenen Übertragungssystemen der Gestalt (1) die gleiche Übertragungsfunktion gehören kann. Beispielsweise bleibt die Übertragungsfunktion ungeändert, wenn der Vektor $\underline{c}^T$ mit einem Skalar μ und der Vektor $\underline{b}$ mit dem Skalar $1/\mu$ multipliziert werden. Insbesondere läßt sich nachrechnen, daß das System mit der einfachen, auch als "Steuerungs-Normalform" bezeichneten Gestalt (12) auf die Übertragungsfunktion (11) führt. Bemerkenswert ist, daß in diesem Fall die Systemmatrix in der letzten Zeile unmittelbar die Koeffizienten des zugehörigen charakteristischen Polynoms $\Delta(s)$ enthält. Matrizen mit der in Gl.(12) auftretenden speziellen Gestalt werden auch als "Begleitmatrizen" bezeichnet.

Soll bei einem linearen System, das in der Form (1) vorliegt, das Übertragungsverhalten untersucht werden, soweit es allein durch die Übertragungsfunktion bestimmt ist, so kann ersichtlich auch von dem einfacheren System (12) ausgegangen werden. Dies trifft jedoch nicht unbedingt mehr zu, wenn auch der Verlauf der Zustandsgrößen betrachtet werden soll. Hinsichtlich der Zustandsgrößen kann nämlich nur dann von dem einen System auf das andere geschlossen werden, wenn sich zwischen den Zustandsvektoren $\underline{x}$ und $\bar{\underline{x}}$ eine eineindeutige Beziehung herstellen

$$\begin{bmatrix} \dot{\bar{x}}_1 \\ \dot{\bar{x}}_2 \\ \cdot \\ \cdot \\ \cdot \\ \dot{\bar{x}}_{n-1} \\ \dot{\bar{x}}_n \end{bmatrix} = \begin{bmatrix} 0 & 1 & 0 & \dots & 0 \\ 0 & 0 & 1 & \dots & 0 \\ \cdot & \cdot & \cdot & \cdot & \cdot \\ \cdot & \cdot & \cdot & \cdot & \cdot \\ \cdot & \cdot & \cdot & \cdot & \cdot \\ 0 & 0 & 0 & \dots & 1 \\ -\alpha_0 & -\alpha_1 & -\alpha_2 & \dots & -\alpha_{n-1} \end{bmatrix} \begin{bmatrix} \bar{x}_1 \\ \bar{x}_2 \\ \cdot \\ \cdot \\ \cdot \\ \bar{x}_{n-1} \\ \bar{x}_n \end{bmatrix} + \begin{bmatrix} 0 \\ 0 \\ \cdot \\ \cdot \\ \cdot \\ 0 \\ 1 \end{bmatrix} u \tag{12}$$

$$y = (\beta_0 \; \beta_1 \; \dots \; \beta_m \; \dots \; 0) \begin{bmatrix} \bar{x}_1 \\ \bar{x}_2 \\ \cdot \\ \cdot \\ \cdot \\ \bar{x}_{n-1} \\ \bar{x}_n \end{bmatrix}$$

läßt. Es ist bekannt, daß dies genau dann möglich ist, und zwar in Gestalt einer nichtsingulären Transformation

$$\underline{x} = \underline{T} \, \bar{\underline{x}} \tag{13}$$

mit reeller Matrix $\underline{T}$, wenn die n Vektoren

$$\underline{b}, \underline{A}\,\underline{b}, \underline{A}^2\underline{b}, \dots, \underline{A}^{n-1}\underline{b} \tag{14}$$

linear unabhängig sind. Das zugrundeliegende System (1) wird dann auch "vollständig steuerbar" genannt. Es läßt sich nämlich zeigen, daß es genau in diesem Fall möglich ist, zu jeder Anfangsauslenkung $\underline{x}(t_0)$ und zu jedem beliebig kleinen Zeitintervall $[t_0, t_1]$ eine Steuerfunktion u(t) zu finden, die den Anfangszustand $\underline{x}(t_0)$ innerhalb dieses Zeitintervalls in die Ruhelage $\underline{x} = \underline{0}$ überführt.

In ähnlicher Weise ausgezeichnet sind lineare Systeme (1), für die die n Vektoren

$$\underline{c}^T, \underline{c}^T\underline{A}, \underline{c}^T\underline{A}^2, \dots, \underline{c}^T\underline{A}^{n-1} \tag{15}$$

linear unabhängig sind. Man kann nämlich zeigen, daß es genau für diese Systeme möglich ist, jeden Anfangszustand $\underline{x}(t_o)$ aus den Verläufen der Ausgangs- und Eingangsgröße innerhalb eines beliebig kleinen Zeitintervalls $[t_o,t_1]$ zu bestimmen. Derartige Systeme (1) werden daher "vollständig beobachtbar" genannt.

Ist bei einem vorgelegten System (1) die lineare Unabhängigkeit der Vektoren (14) bzw. (15) nicht erfüllt, so läßt sie sich dadurch herbeiführen, daß die Komponenten der Systemmatrix $\underline{A}$ und des Vektors $\underline{b}$ bzw. $\underline{c}$ *in geeigneter Weise* geringfügig abgeändert werden. Daher ist es plausibel, weshalb lineare Systeme (1) zur Beschreibung technischer Regelstrecken in den meisten Fällen mit ausreichender Genauigkeit so gewählt werden können, daß sie vollständig steuer- und beobachtbar sind.

Liegt eine Regelstrecke vor, die wie in Bild 3 durch mehrere Eingangs-

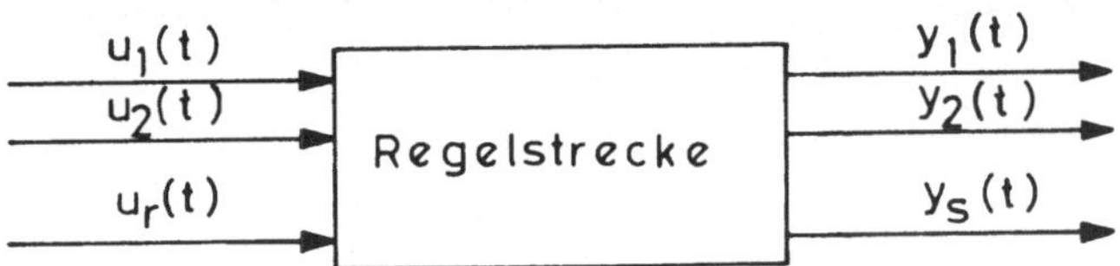

Bild 3 Struktur eines Mehrgrößensystems

größen (Steuergrößen) $u_1,u_2,\dots,u_r$ und mehrere Ausgangsgrößen $y_1,y_2,\dots,y_s$ gekennzeichnet ist, d.h. handelt es sich um ein"Mehrgrößensystem", so tritt an die Stelle von Gl. (1) das lineare System

$$\begin{aligned} \dot{\underline{x}} &= \underline{A}\,\underline{x} + \underline{B}\,\underline{u} \\ \underline{y} &= \underline{C}^T\,\underline{x} \end{aligned} \qquad . \qquad (16)$$

Darin stellen $\underline{u}$ den aus den Komponenten u_i aufgebauten Steuervektor und $\underline{y}$ den Vektor der Ausgangsgrößen y_i dar. Ferner ist $\underline{A}$ die wie in Gl.(1) quadratische Systemmatrix, während $\underline{B}$ und $\underline{C}^T$ rechteckige Matrizen mit den Formaten n x r bzw. s x n sind.

Die in dieser Arbeit vorgelegten Syntheseverfahren werden für Regelstrecken mit je einer Steuer- und Ausgangsgröße ausführlich beschrieben, lassen sich aber auf Mehrgrößensysteme übertragen.

3. Stabilitätssätze

In vielen Fällen ist es nicht erforderlich, den Verlauf des Zustandsvektors und der Ausgangsgröße eines technischen Übertragungssystems in allen Einzelheiten zu kennen, sondern häufig reicht eine allgemeinere Charakterisierung des Systemverhaltens vollkommen aus.

Beispielsweise kann es ausschließlich darauf ankommen, ob die Ausgangsgröße stets beschränkt bleibt, wenn dies für die Steuergröße gilt. In diesem Zusammenhang wird von "Stabilität im Eingangs-Ausgangs-Sinne" gesprochen.

Auf eine ähnliche Systemcharakterisierung zielen die Stabilitätsbegriffe von LJAPUNOV ab [3]. Sie beziehen sich auf die Fragestellung, wie sich ein System in Abhängigkeit vom Anfangswert des Zustandsvektors verhält, wenn die Steuergröße identisch verschwindet.

Zur Darstellung der hier erforderlichen Einzelheiten soll ein Übertragungssystem zugrunde gelegt werden, das durch eine zeitinvariante, nicht notwendig lineare Vektordifferentialgleichung der Form

$$\begin{aligned} \dot{\underline{x}} &= \underline{f}(\underline{x},u) \\ y &= g(\underline{x}) \end{aligned} \tag{17}$$

beschrieben wird. Darin stellen $\underline{x}$ den Zustandsvektor, u die skalare Steuergröße und y die skalare Ausgangsgröße dar. Die Funktion $\underline{f}$ soll so beschaffen sein, daß zu jedem Punkt $\underline{x}_o$ des Zustandsraumes und jeder stückweise stetigen Steuerfunktion u(t) eine eindeutig bestimmte stetige Trajektorie $\underline{x}(t)$ gehört, die durch $\underline{x}_o$ läuft. Bekanntlich ist diese Voraussetzung unter sehr allgemeinen Bedingungen, insbesondere für lineare Systeme der Form (1) erfüllt.

Ein Punkt $\underline{x}_R$ des Zustandsraumes, in dem der Zustandsvektor des Systems (17) beliebig lange verharrt, wenn die Steuergröße identisch verschwindet (und keine äußeren Störungen wirken), wird als "Ruhelage" dieses Systems bezeichnet. Ersichtlich ist ein Punkt $\underline{x}_R$ genau dann eine Ruhelage, wenn in ihm $\dot{\underline{x}}=\underline{0}$ gilt. Beispielsweise stellt bei jedem linearen System (1) der Ursprung des Zustandsraumes $\underline{x} = \underline{0}$ eine Ruhelage dar. Besitzt ein System (17) eine *irgendwo* gelegene Ruhelage $\underline{x}_R$, so läßt es sich durch die Zustandstransformation $\underline{x} = \tilde{\underline{x}} + \underline{x}_R$ stets in ein System überführen, das diese Ruhelage in $\tilde{\underline{x}} = \underline{0}$ besitzt. Es bedeutet daher keine Einschränkung, wenn im folgenden nur eine Ruhelage betrachtet wird, die im Ursprung gelegen ist.

Ist der Punkt $\underline{x}_R = \underline{O}$ eine Ruhelage des Systems (17) und läßt sich zu jeder Umgebung R von $\underline{x}_R$ stets eine darin enthaltene Umgebung S so finden, daß keine Systemtrajektorie, die irgendwo in S startet, in ihrem weiteren Verlauf die Umgebung R verläßt, wenn die Steuergröße u identisch verschwindet, so wird die Ruhelage $\underline{x}_R$ als "stabil im Sinne von LJAPUNOV" bezeichnet (Bild 4). Ist es darüber hinaus möglich, eine -

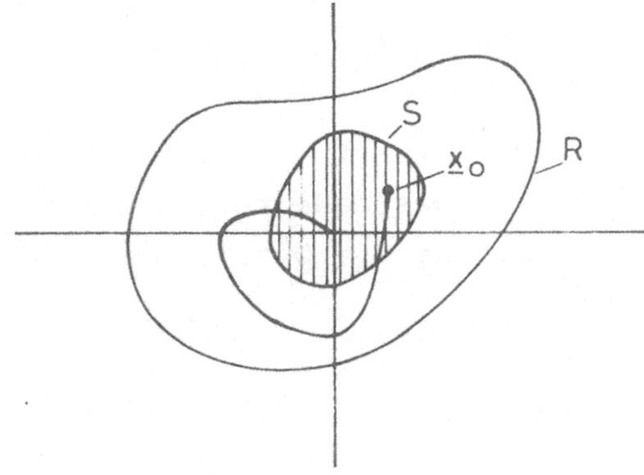

Bild 4 Zur Definition der Stabilität im Sinne von LJAPUNOV

wenn auch noch so kleine - Umgebung der Ruhelage mit der Eigenschaft zu finden, daß jede darin startende Trajektorie für $t \to \infty$ asymptotisch in den Ursprung einläuft, so wird die Ruhelage "asymptotisch stabil" genannt.

Für die praktische Anwendung reicht eine solche lokale Charakterisierung einer Ruhelage i.a. noch nicht aus, sondern oft kommt es darauf an, einen möglichst großen "Einzugsbereich" d.h. eine möglichst große Umgebung der Ruhelage zu kennen, aus der jede Trajektorie asymptotisch in die Ruhelage läuft. Stimmt der Einzugsbereich mit dem gesamten Zustandsraum überein, so wird die zugehörige Ruhelage "global asymptotisch stabil" genannt.

Für lineare Systeme der Form (1) ist bekannt, daß die Ruhelage $\underline{x}_R = \underline{O}$ genau dann asymptotisch (und dann sogar global asymptotisch) stabil ist, wenn alle Wurzeln des zugehörigen charakteristischen Polynoms (d.h. die Eigenwerte der Systemmatrix $\underline{A}$) einen negativen Realteil besitzen. Der Punkt $\underline{x}_R = \underline{O}$ stellt in diesem Fall die einzige Ruhelage des Systems dar,und es ist üblich, dann auch das System sowie die Systemmatrix als stabil zu bezeichnen.

Bei einem stabilen linearen System (1) läuft also jede Trajektorie, die irgendwo im Zustandsraum startet, bei verschwindender Steuergröße asymptotisch in den Ursprung ein. Hat dagegen die Steuergröße einen von Null verschiedenen konstanten Wert u_c, so kommt jede Trajektorie in einem Punkt $\underline{x}_c \neq \underline{0}$ zur Ruhe. Einerseits muß dort nämlich $\dot{\underline{x}} = \underline{0}$ gelten, und ein solcher Punkt $\underline{x}_c$ ist - da die Inverse zur stabilen Matrix $\underline{A}$ existiert - durch

$$\underline{x}_c = -\underline{A}^{-1}\underline{b}\, u_c \qquad (18)$$

eindeutig bestimmt. Andererseits führt die Transformation $\underline{x} = \tilde{\underline{x}} + \underline{x}_c$ auf das stabile System $\dot{\tilde{\underline{x}}} = \underline{A}\,\tilde{\underline{x}}$. Das bedeutet, jede Trajektorie $\tilde{\underline{x}}(t)$ läuft asymptotisch in den Ursprung $\tilde{\underline{x}} = \underline{0}$ ein, und somit strebt $\underline{x}(t)$ gegen $\underline{x}_c$.

Anders als bei linearen Systemen stellt die Untersuchung des Stabilitätsverhaltens nichtlinearer Systeme i.a. eine schwierigere Aufgabe dar. Ein Verfahren zur Stabilitätsuntersuchung, das sich auf nichtlineare Systeme der Form (17) anwenden läßt, ist als sog. zweite Methode von LJAPUNOV bekannt. Diese läuft in ihren zahlreichen Varianten stets darauf hinaus, daß eine geeignete skalare Zustandsfunktion $V(\underline{x})$ mit gewissen "LJAPUNOV-Eigenschaften" aufzufinden ist, aus denen sich aufgrund bekannter Stabilitätssätze auf das Stabilitätsverhalten des Systems schließen läßt. Für den Nachweis globaler asymptotischer Stabilität ist beispielsweise der folgende Satz geeignet [4]:

<u>Stabilitätssatz 1</u>

Der Punkt $\underline{x} = \underline{0}$ sei eine Ruhelage des Systems (17). Es existiere eine skalare Zustandsfunktion $V(\underline{x})$, die den folgenden Eigenschaften genügt:

(L1) $V(\underline{x})$ ist überall stetig und besitzt für alle $\underline{x}$ stetige partielle Ableitungen.

(L2) $V(\underline{0}) = 0$.

(L3) $V(\underline{x}) > 0$ für $\underline{x} \neq \underline{0}$.

(L4) $V(\underline{x}) \to \infty$ für $|\underline{x}| \to \infty$.

(L5) $V(\underline{x})$ nimmt bei verschwindender Steuergröße längs keiner Systemtrajektorie zu, d.h. es gilt überall $dV(\underline{x})/dt \leq 0$.

(L6) $dV(\underline{x})/dt$ ist außer in $\underline{x} = \underline{0}$ nicht identisch Null längs irgendeiner Systemtrajektorie .

Unter diesen Voraussetzungen ist die Ruhelage $\underline{x} = \underline{0}$ global asymptotisch stabil.

Wenn man für eine Ruhelage globale asymptotische Stabilität nicht nachweisen kann, so stellt der folgende Satz ein Hilfsmittel dar, mit dem sich eventuell wenigstens ein mehr oder minder ausgedehnter Einzugsbereich der Ruhelage sicherstellen läßt [5].

Stabilitätssatz 2

Der Punkt $\underline{x} = \underline{0}$ sei eine Ruhelage des Systems (17). Es existiere eine skalare Zustandsfunktion $V(\underline{x})$, die die Eigenschaft (L2) besitzt. Ferner seien für alle Punkte $\underline{x}$ einer beschränkten Umgebung W der Form

$$W = \{\underline{x} | V(\underline{x}) < r\}$$

die Eigenschaft (L1) sowie für alle $\underline{x} \neq \underline{0}$ aus W die Eigenschaften (L3) und

$$\text{(L7)} \quad dV(\underline{x})/dt < 0 \qquad (19)$$

erfüllt. Dann ist der Ursprung asymptotisch stabil, und zwar läuft jede Trajektorie, die in W startet, asymptotisch in den Ursprung ein (ohne die Umgebung W zwischendurch zu verlassen). In diesem Fall stellt daher W einen Einzugsbereich der Ruhelage dar.

Außer den beiden genannten Stabilitätssätzen sind eine Reihe ähnlicher Sätze bekannt, mit deren Hilfe man aufgrund mehr oder minder modifizierter LJAPUNOV-Eigenschaften auf Stabilitätseigenschaften der Ruhelage $\underline{x} = \underline{0}$ eines nichtlinearen Systems schließen kann. Bei der Anwendung dieser Stabilitätssätze besteht das Hauptproblem darin, auf welche Weise sich eine geeignete LJAPUNOV-Funktion $V(\underline{x})$ finden läßt, aus der sich die gewünschte Stabilitätsaussage ergibt. In Abschnitt 33 (Absatz 4) wird ein numerisches Verfahren für die Konstruktion geeigneter LJAPUNOV-Funktionen erwähnt.

4. Beispiel einer technischen Regelstrecke

Als Beispiel für eine technische Regelstrecke soll ein Flugkörper K dienen, der durch zwei symmetrisch angeordnete Hubtriebwerke H im Schwebeflug gehalten und um die Schwerpunktsachse a geschwenkt werden kann (Bild 5). Wird das Trägheitsmoment Θ des Flugkörpers (obwohl

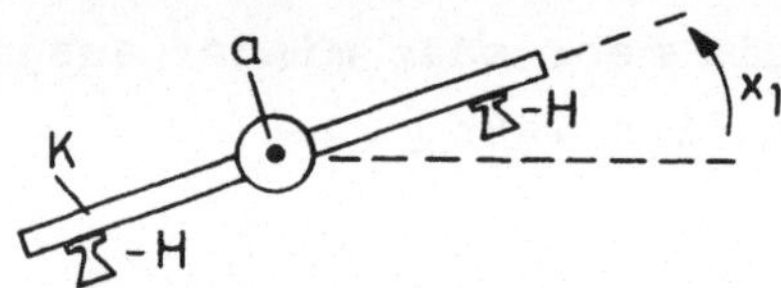

Bild 5 Flugkörper im Schwebeflug als Beispiel für eine technische Regelstrecke

Treibstoff verbraucht wird) als konstant angesehen und das von den Triebwerken bezüglich der Achse a erzeugte Drehmoment mit u bezeichnet, so läßt sich die Bewegung des Flugkörpers um diese Achse bei Vernachlässigung der Luftreibung durch das lineare Gleichungssystem

$$\begin{aligned} \dot{x}_1 &= x_2 \\ \dot{x}_2 &= \frac{1}{\Theta} u \end{aligned} \qquad (20)$$

oder vektoriell durch das lineare Übertragungssystem

$$\begin{bmatrix} \dot{x}_1 \\ \dot{x}_2 \end{bmatrix} = \begin{bmatrix} 0 & 1 \\ 0 & 0 \end{bmatrix} \begin{bmatrix} x_1 \\ x_2 \end{bmatrix} + \begin{bmatrix} 0 \\ \frac{1}{\Theta} \end{bmatrix} u$$

$$y = (1 \quad 0) \begin{bmatrix} x_1 \\ x_2 \end{bmatrix} \qquad (21)$$

beschreiben. Darin bezeichnen x_1 bzw. y den Drehwinkel und x_2 die zugehörige Winkelgeschwindigkeit. Das System (21) entspricht der allgemeinen Form (1) und bis auf den unwesentlichen Faktor $1/\Theta$ sogar der Steuerungs-Normalform (12). Aus der Systemmatrix läßt sich ablesen, daß das zugehörige charakteristische Polynom durch

$$\Delta s = s^2 \tag{22}$$

gegeben ist, und für die Übertragungsfunktion findet sich der Ausdruck

$$G(s) = \frac{\frac{1}{\Theta}}{s^2} \quad . \tag{23}$$

Aus den Gln.(21) und (23) geht hervor, daß das vorliegende Übertragungssystem der in Bild 6 gezeigten Struktur, d.h. bis auf den Faktor $1/\Theta$

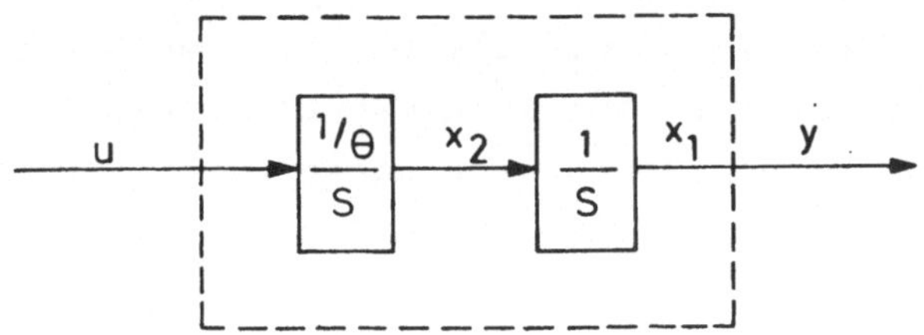

Bild 6 Strukturbild des Übertragungssystems, das das dynamische Verhalten des Flugkörpers beschreibt

zwei hintereinandergeschalteten Integriergliedern entspricht.

Das charakteristische Polynom (22) besitzt in $s = 0$ eine zweifache Wurzel, deren Realteile somit nicht negativ sind. Daher ist das vorliegende System in dem angegebenen Sinne nicht stabil. Dasselbe Resultat ergibt sich auch unmittelbar aus Bild 6. Ist nämlich die Steuergröße u identisch Null, so laufen die Zustandsgrößen x_1 und x_2 keineswegs auf den Wert Null ein, wenn sie zur Anfangszeit von Null verschieden sind. Weiterhin läßt sich anhand der in Abschnitt 2 formulierten Bedingungen feststellen, daß das System (21) vollständig steuer- und beobachtbar ist.

II Formulierung einer Grundaufgabe der Regelungstheorie

Zwei der am häufigsten vorkommenden Aufgabenstellungen der Regelungstechnik bestehen darin, die *Ausgangsgröße* einer technischen Regelstrecke *zu stabilisieren* bzw. auf einen *veränderten Sollwert einzustellen*. Im folgenden wird für lineare Regelstrecken (1) gezeigt, daß man diese Aufgabenstellungen i.a. auf die Grundaufgabe reduzieren kann, den Zustandsvektor des betreffenden Systems (1) durch geeignete Steuerfunktionen u(t) unter Einhaltung gewisser Beschränkungen aus bestimmten Anfangsauslenkungen in den Ursprung zu überführen.

5. Stabilisierung der Ausgangsgröße einer Regelstrecke

Zur Illustration des Stabilisierungsproblems wird die Aufgabe betrachtet, den durch die Gln. (20) bzw. (21) beschriebenen Flugkörper trotz kurzzeitig wirksamer äußerer Störungen während eines längeren Zeitraumes möglichst in der horizontalen Fluglage $y = 0$ zu halten. Hierzu muß man anstreben, neben dem Winkel $x_1 = y$ auch die Winkelgeschwindigkeit $x_2 = \dot{x}_1$ auf dem Wert Null und damit den Zustandsvektor in der Ruhelage $\underline{x} = \underline{0}$ zu halten.

Befindet sich der Flugkörper in der Ruhelage $\underline{x} = \underline{0}$ und wirken dann kurzzeitig äußere Kräfte (beispielsweise Böen) ein, so wird der Zustandsvektor schließlich in eine Lage $\underline{x}_0 \neq \underline{0}$ überführt, und es entsteht das Problem, ihn aus dieser Anfangsauslenkung durch eine geeignete Steuerfunktion wieder in die Ruhelage zu überführen.

Im Verlaufe eines längeren Fluges treten derartige kurzzeitige Störungen wiederholt und mit unterschiedlicher Größe auf. Sie sind zwar nicht genau, aber doch größenordnungsmäßig im voraus bekannt. Daher läßt sich eine Umgebung G des Ursprungs angeben, die beschreibt, wie weit der Zustandsvektor maximal durch eine einmalige Störungseinwirkung aus der Ruhelage $\underline{x} = \underline{0}$ ausgelenkt werden kann (Bild 7). Es kommt also darauf an, für *jede* Anfangsauslenkung $\underline{x}_0$, die in diese Umgebung G fällt, eine Steuerfunktion zu finden, mit der der Zustandsvektor wieder in die Ruhelage $\underline{x} = \underline{0}$ übergeht. Damit liegt im wesentlichen schon die oben formulierte Grundaufgabe vor, und zwar stellt sie sich *global*, d.h. bezüglich der ganzen Umgebung G.

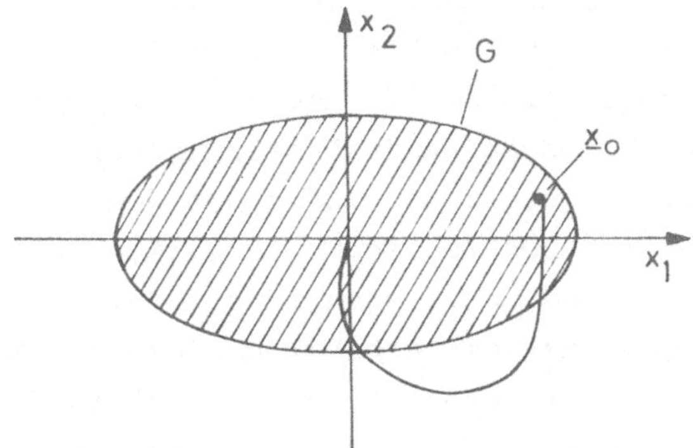

Bild 7 Zur Grundaufgabe, die sich aus dem Stabilisierungsproblem ergibt

Soll der Flugkörper anstatt in der horizontalen Fluglage in einer Schräglage $y = a$ festgehalten werden, so bedeutet dies, daß der Zustandsvektor nach jeder Störungseinwirkung in den Zustand

$$\underline{x}_\infty = \begin{bmatrix} a \\ 0 \end{bmatrix} \tag{24}$$

zu überführen ist. Dieses Problem läßt sich mit Hilfe der Koordinatentransformation

$$\begin{aligned} x_1 &= \tilde{x}_1 + a \\ x_2 &= \tilde{x}_2 \end{aligned} \tag{25}$$

in die Aufgabe verwandeln, den Zustandsvektor $\underline{\tilde{x}}$ des transformierten Systems

$$\begin{aligned} \dot{\tilde{x}}_1 &= \tilde{x}_2 \\ \dot{\tilde{x}}_2 &= \frac{1}{\Theta}\, u \end{aligned} \tag{26}$$

aus gewissen Anfangsauslenkungen in die Ruhelage $\underline{\tilde{x}} = \underline{0}$ zu überführen. Da die Beziehungen (26) mit den ursprünglichen Systemgleichungen (20) formal identisch sind, liegt wieder die oben formulierte Grundaufgabe vor.

Es wird jetzt die Aufgabe, die Ausgangsgröße y einer Regelstrecke auf einem vorgegebenen Wert y_o zu stabilisieren, für ein *allgemeines* lineares Übertragungssystem (1) betrachtet, das vollständig steuer- und beobachtbar ist. Das bedeutet, man möchte die Ausgangsgröße y bei Abwesenheit von äußeren Störungen dadurch ständig auf dem Sollwert y_o halten können, daß die Steuergröße u auf einen geeigneten festen Wert eingestellt wird. Dies ist nur möglich, wenn gleichzeitig *auch alle Zustandsgrößen konstant* sind, weil sich anderenfalls ein Widerspruch zur vollständigen Beobachtbarkeit ergibt. Da das System nach Voraussetzung auch vollständig steuerbar ist, kann aufgrund von Abschnitt 2 ohne Beschränkung der Allgemeinheit angenommen werden, daß es in der Steuerungs-Normalform (12) gegeben ist. Unter Weglassung der Querstriche ergibt sich für die Ausgangsgröße y somit der Ausdruck

$$\begin{aligned} y &= \beta_o x_1 + \beta_1 x_2 + \dots + \beta_m x_{m+1} \\ &= \beta_o x_1 + \beta_1 \dot{x}_1 + \dots + \beta_m x_1^{(m)} \; . \end{aligned} \tag{27}$$

Daraus geht hervor, daß y bei gleichzeitiger Konstanz des Zustandsvektors nur dann auf einem konstanten Wert y_o gehalten werden kann, wenn sich das System in einen Zustand der Form

$$\underline{x}_\infty = \begin{bmatrix} a \\ 0 \\ \cdot \\ \cdot \\ \cdot \\ 0 \end{bmatrix} \tag{28}$$

überführen und dort festhalten läßt. Wenn dies für beliebige Werte von a möglich ist, so läßt sich die Ausgangsgröße y im Falle $\beta_o \neq 0$ auf jedem beliebigen Wert y_o halten, im Falle $\beta_o = 0$ aber nur auf dem Wert $y_o = 0$. Und zwar ergibt sich dies, wenn man für a

$$a = \begin{cases} \dfrac{y_o}{\beta_o}, & \text{falls } \beta_o \neq 0 \\ \text{beliebig}, & \text{falls } \beta_o = 0 \end{cases} \tag{29}$$

setzt. (Im Falle $\beta_o = 0$ bestimmt der beliebig wählbare Wert von a den Wert der konstanten Steuergröße u, mit dem die Ausgangsgröße y auf dem

Wert $y_o = 0$ festgehalten wird).

Die Stabilisierung der Ausgangsgröße y auf einen vorgegebenen Wert y_o läuft also darauf hinaus, den Zustandsvektor des vorliegenden Systems aus irgendwelchen Anfangsauslenkungen in einen bestimmten Zustand $\underline{x}_\infty$ der Form (28) zu überführen. Dieses Problem läßt sich mit der zu Gl.(25) analogen Transformation

$$\underline{x} = \underline{\tilde{x}} + \underline{x}_\infty \tag{30}$$

wieder darauf reduzieren, den Zustandsvektor $\underline{\tilde{x}}$ des transformierten Systems

$$\underline{\dot{\tilde{x}}} = \underline{A}\,\underline{\tilde{x}} + \underline{A}\,\underline{\tilde{x}}_\infty + \underline{b}\,u \tag{31}$$

in den Ursprung zu führen. Dieses transformierte System kann wegen der speziellen Gestalt von $\underline{A}$, $\underline{b}$ und $\underline{x}_\infty$, die durch die Gln. (12) und (28) gegeben ist, auch in der Form

$$\underline{\dot{\tilde{x}}} = \underline{A}\,\underline{\tilde{x}} + \underline{b}\,(u - \alpha_o\,a) \tag{32}$$

geschrieben werden. Dieser Ausdruck stimmt formal bis auf den konstanten Term $-\alpha_o\,a$ mit der Steuerungs-Normalform (12), d.h. mit der ursprünglichen Systemgleichung überein. Wird daher die "transformierte Steuergröße"

$$\tilde{u}(t) = u(t) - \alpha_o\,a \tag{33}$$

eingeführt, so läuft das vorliegende Problem schließlich wieder auf die Grundaufgabe hinaus, den Zustandsvektor des gegebenen Systems aus Anfangsauslenkungen, die in einer gewissen Umgebung des Ursprungs liegen, durch geeignete Steuerfunktionen $\tilde{u}(t)$ in den Ursprung zu überführen. Ist die transformierte Steuergröße $\tilde{u}(t)$ bekannt, so ergibt sich die Steuerfunktion u(t), die tatsächlich am gegebenen System angreift, aus der Beziehung

$$u(t) = \tilde{u}(t) + \alpha_o\,a\ . \tag{34}$$

Liegen technische Regelstrecken vor, deren dynamisches Verhalten man aufgrund starker Nichtlinearitäten nicht mit ausreichender Genauigkeit durch ein lineares System (1) approximieren kann, so läßt sich in vielen Fällen durch ein solches Modell aber doch beschreiben, wie die Ausgangsgröße der Regelstrecke mit Abweichungen vom gewünschten Sollwert auf hinreichend kleine Änderungen der Steuergröße reagiert. Daher läßt sich das Problem, die Ausgangsgröße zu stabilisieren, sehr oft auch für stark nichtlineare Regelstrecken auf die beschriebene Grundaufgabe mit zugrundeliegendem linearen System (1) reduzieren.

6. Einstellung der Ausgangsgröße einer Regelstrecke auf einen veränderten Sollwert

Zur Illustration des Problems, die Ausgangsgröße einer Regelstrecke auf einen veränderten Sollwert einzustellen, wird die Aufgabe betrachtet, den beschriebenen Flugkörper - zunächst ohne Rücksicht auf äußere Störungen - aus einer Schräglage

$$\begin{bmatrix} x_1 \\ x_2 \end{bmatrix} = \begin{bmatrix} a' \\ 0 \end{bmatrix} \tag{35}$$

in eine neue Schräglage

$$\begin{bmatrix} x_1 \\ x_2 \end{bmatrix} = \begin{bmatrix} a \\ 0 \end{bmatrix} \tag{36}$$

zu bringen. Mit der Transformation (25) ergibt sich hieraus wieder die Grundaufgabe, nämlich, den Zustandsvektor des Systems (21) aus der Anfangslage

$$\underline{x} = \begin{bmatrix} a' - a \\ 0 \end{bmatrix} \tag{37}$$

in den Ursprung zu überführen. Soll der Flugkörper aus jeder technisch zulässigen Schräglage, die etwa in einem Bereich $|y| \leq y_{max}$ liegt, in jede andere gebracht werden können, so bedeutet dies ersichtlich, daß der Zustandsvektor jeweils aus irgendeinem Punkt $\underline{x}_o$, der im Zustandsraum in dem in Bild 8 gezeigten Intervall G liegt, in den Ursprung zu überführen ist.

Die beschriebene Grundaufgabe stellt sich also auch in dieser Situation "gobal", jedoch im Unterschied zu Abschnitt 5 bezüglich einer *eindimen-*

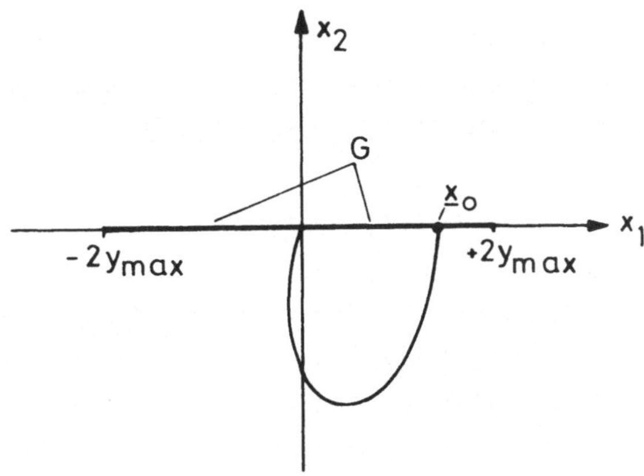

Bild 8 Zur Grundaufgabe, die sich aus dem Problem der Sollwertänderung ergibt.

sionalen Punktmannigfaltigkeit G. Wenn allerdings Störungen zu berücksichtigen sind, so ist die Punktmenge G auch in der anderen Koordinatenrichtung mehr oder weniger ausgedehnt.

In analoger Weise stellt sich das Problem der Sollwertänderung bei einem allgemeinen linearen System (1) dar, das vollständig steuer- und beobachtbar ist.

7. Beschränkung der Steuergröße u

Im Beispiel des Flugkörpers ist die Schubleistung der Triebwerke selbstverständlich begrenzt. Daher können nur Steuerfunktionen u(t) realisiert werden, die einer Beschränkung der Form

$$|u(t)| \leq u_o \tag{38}$$

unterliegen. Dies gilt im Prinzip für *jedes* technische System, da immer nur ein begrenzter Betrag der Steuergröße verfügbar oder für das System verträglich ist. In der Praxis kommt es daher i.a. darauf an, die gestellten Regelungsaufgaben unter Einhaltung einer mehr oder minder starken Beschränkung der Form (38) zu lösen.

In Abschnitt 5 wurde das Stabilisierungsproblem auf die Grundaufgabe zurückgeführt, den Zustandsvektor des betrachteten linearen Systems mit Hilfe einer Steuerfunktion $\tilde{u}(t)$ in den Ursprung zu überführen, wobei die Anfangsauslenkung in einer gewissen Umgebung G des Ursprungs liegt. Dabei war der Zusammenhang zwischen $\tilde{u}(t)$ und der tatsächlich am System angreifenden Steuergröße $u(t)$ durch die Beziehung (34) gegeben. Wird die Grundaufgabe daher unter Einhaltung der Beschränkung

$$|\tilde{u}(t)| \leq u_o \tag{39}$$

für die Funktion $\tilde{u}(t)$ gelöst, so ist die entsprechende Beschränkung für $u(t)$, d.h. die Bedingung (38), mit Sicherheit erfüllt, wenn in Gl. (34) der Term $\alpha_o a$ verschwindet. Dies ist einerseits der Fall, wenn in dem zugehörigen charakteristischen Polynom (9) der Koeffizient α_o den Wert Null hat, d.h. wenn dieses Polynom eine Nullstelle in $s = 0$ besitzt. Des weiteren verschwindet dieser Term, wenn $a = 0$ gilt, d.h. aufgrund der Gln. (27) und (28), wenn für die Ausgangsgröße y der Sollwert $y_o = 0$ vorgesehen ist. In diesen beiden sehr allgemeinen Fällen läßt sich damit das Problem, die Ausgangsgröße eines vollständig steuer- und beobachtbaren Systems (1) unter Einhaltung der Stellgrößenbeschränkung (38) zu stabilisieren, auf die Grundaufgabe reduzieren, den Zustandsvektor desselben Systems aus gewissen Anfangsauslenkungen durch Steuerfunktionen $\tilde{u}(t)$ unter der Nebenbedingung (39) in den Ursprung zu überführen.[1)]

In entsprechender Weise stellt sich das Problem der Sollwertänderung bei einer Beschränkung der Steuergröße dar, wenn das charakteristische Polynom eine Nullstelle in $s = 0$ besitzt.

8. Beschränkung der zeitlichen Ableitung der Steuergröße

Eine andere Einschränkung für den Verlauf technisch zu realisierender Steuerfunktionen $u(t)$ liegt in der Praxis häufig in Gestalt einer Beschränkung

$$|\dot{u}(t)| \leq v_o \tag{40}$$

---

1) Wenn der Term $\alpha_o a$ in Gl. (34) nicht Null ist, d.h. wenn der Sollwert y_o von Null verschieden ist und zugleich das charakteristische Polynom in $s = 0$ keine Nullstelle besitzt, dann führt die Forderung $|u(t)| \leq u_o$ dazu, daß die Grundaufgabe unter Einhaltung der "unsymmetrischen Beschränktheitsforderung" $|\tilde{u}(t) + \alpha_o a| \leq u_o$ zu lösen ist. Hierfür ist hinreichend, daß die stärkere symmetrische Forderung $|\tilde{u}(t)| \leq \tilde{u}_o - |\alpha_o a|$ erfüllt wird.

für den Betrag der zeitlichen Ableitung der Steuergröße vor, da sich der Wert einer technisch realisierten Steuergröße - im Beispiel des Flugkörpers das Drehmoment - nicht beliebig schnell verändern läßt.

Bemerkenswert ist, daß sich die Bedingung (40) stets in eine Beschränktheitsforderung für den Betrag einer Steuergröße verwandeln läßt, nämlich dadurch, daß die Regelstrecke durch einen vorangeschalteten Integrator erweitert wird. Bild 9 zeigt dies für das aus Bild 6 bekannte System. Die bisherige Steuergröße u tritt darin als zusätz-

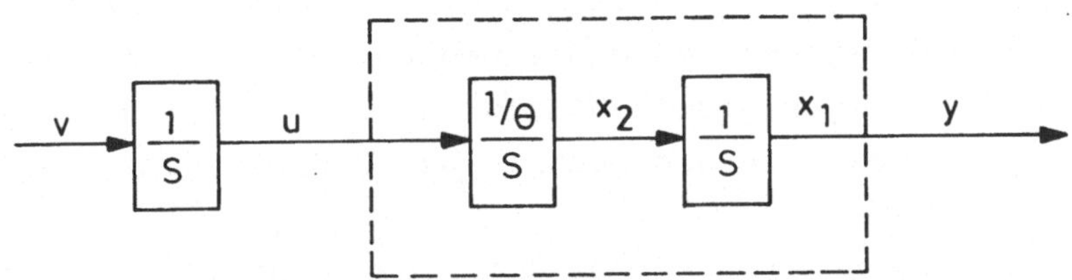

Bild 9 Strukturbild des um einen Integrator erweiterten aus Bild 6 bekannten Systems

liche Zustandsgröße auf, so daß sich die Ordnung des erweiterten Systems gegenüber dem ursprünglichen um Eins erhöht. Die neue Eingangsgröße v ist mit u ersichtlich durch die Beziehung

$$v = \dot{u} \tag{41}$$

verknüpft. Daher kann man die Aufgabe, eine Steuerfunktion u(t) zu finden, die unter Einhaltung der Bedingung (40) in einem gewünschten Sinne auf das ursprüngliche System wirkt, darauf zurückführen, eine Steuerfunktion v(t) zu bestimmen, die das Entsprechende unter Einhaltung der Beschränkung

$$|v(t)| \leq v_o \tag{42}$$

für das erweiterte System bewirkt.

In analoger Weise kann man bei beliebigen Systemen (1) vorgehen. Ersichtlich ergibt sich die Übertragungsfunktion des erweiterten Systems durch Multiplikation der ursprünglichen mit 1/s. Das charakteristische Polynom des erweiterten Systems besitzt daher eine Nullstelle in s = 0. Bei Vorliegen einer Beschränkung der Form (40) ist es daher aufgrund von Abschnitt 7 stets möglich, die Probleme der Stabilisierung sowie der Sollwertänderung auf die oben formulierte Grundaufgabe zu reduzieren.

9. Beschränkung von Zustandsgrößen

Die beschriebenen Regelungsaufgaben liefen in ihrer bisherigen Formulierung darauf hinaus, den Zustandsvektor eines linearen Systems unter Einhaltung einer Beschränkung für die *Steuergröße* aus gewissen Anfangsauslenkungen in den Ursprung zu überführen. Welchen zwischenzeitlichen Verlauf die Zustandstrajektorien dabei nehmen, war bisher nicht relevant. In der Praxis liegen jedoch häufig auch für den *Trajektorienverlauf* Beschränkungen vor, die aus technischen Gründen einzuhalten sind.

Soll z.B. der vorliegende Flugkörper aus einer Schräglage aufgerichtet werden, so sind dabei allzu große Winkelgeschwindigkeiten unerwünscht, d.h. es muß die Zustandsgröße x_2 einer Beschränkung der Form $|x_2(t)| \leq x_{2,max}$ genügen. Entsprechend ergeben sich Beschränkungen für den Trajektorienverlauf bei einem allgemeinen linearen System (1) daraus, daß irgendwelche physikalisch interpretierbare dynamische Größen d(t) bestimmte Maximalwerte nicht überschreiten dürfen. Diese Größen d(t) müssen aber keineswegs immer wie im obigen Beispiel mit bestimmten Zustandsgrößen identisch sein. Insbesondere werden sie es i.a. dann nicht sein, wenn das betrachtete System durch eine lineare Transformation (13) aus einem anderen hervorgegangen ist. In diesem Fall stellen sich nämlich die Zustandsgrößen des ursprünglichen Systems als Linearkombinationen

$$d(t) = \underline{w}^T \underline{x}(t) \tag{43}$$

der Zustandsgrößen des neuen Systems dar. Für eine allgemeinere Behandlung ist es daher zweckmäßig, davon auszugehen, daß Beschränkungen der Form

$$|d(t)| \leq d_o \tag{44}$$

für Größen d(t) vorliegen, die Linearkombinationen aller Zustandsgrößen der betrachteten linearen Regelstrecke (1) sind. Handelt es sich darum, daß die Ausgangsgröße eines vollständig steuer- und beobachtbaren Systems (1) unter Einhaltung einer solchen Beschränkung auf den Wert

$y_o = 0$ zu stabilisieren ist, so reduziert sich diese Aufgabe aufgrund von Abschnitt 5 darauf, daß die dort formulierte Grundaufgabe nunmehr unter Berücksichtigung dieser Beschränkung zu lösen ist. (Ein von Null verschiedener Sollwert y_o führt auf eine unsymmetrische Beschränktheitsforderung $|d(t) + \text{const}| \leq d_o$. Vergl. Fußnote auf S. 22).

Die häufig vorkommende Aufgabenstellung, daß sowohl für die Steuergröße als auch für ihre zeitliche Ableitung Schranken vorgegeben sind, stellt ein wichtiges praktisches Beispiel dar, das auf die Beschränkung einer Zustandsgröße führt. Aufgrund von Abschnitt 8 läuft dieses Problem durch Erweiterung der Regelstrecke um einen Integrator nämlich darauf hinaus, daß in dem erweiterten System die Steuer- und eine Zustandsgröße zu beschränken sind.

10. Gütemaße

Beschränkungen, die für eine gesuchte Steuerfunktion oder für den Verlauf der Trajektorie vorgegeben sind, stellen i.a. "harte", d.h. unter allen Umständen einzuhaltende Forderungen dar. Sind für die Lösung einer Regelungsaufgabe mehrere Steuerfunktionen bekannt, die allen derartigen Forderungen genügen, so entsteht das Problem, darunter eine auszuwählen, die den im übrigen gestellten "weicheren" Anforderungen möglichst gut entspricht.

Im Fall des beschriebenen Flugkörpers kann es beispielsweise erwünscht sein, daß der Flugkörper nach einer Störungsauslenkung ohne großes Überschwingen, innerhalb bestimmter Zeitgrenzen oder mit einem möglichst geringen Treibstoffverbrauch wieder in die horizontale Fluglage übergeht.

Für die mathematische Behandlung derartiger "Gütegesichtspunkte" kommt es darauf an, sie mit einem Maß möglichst gut zu erfassen, das rechnerisch noch zu handhaben ist. Hierzu verwendet man oft Integrale der Form

$$J = \int_{t_o}^{\infty} F(\underline{x},u)\, dt \quad , \tag{45}$$

die längs der Steuerfunktion $u(t)$ und der zugehörigen Trajektorie $\underline{x}(t)$ gebildet sind. Für die "Kostenfunktion" F im Integranden werden i.a. nichtnegative Funktionen gewählt, die meist nur von $\underline{x}$ und u, gelegentlich aber auch explizit von der Zeit abhängig sind. Entscheidend für den praktischen Wert derartiger Güteintegrale ist im Einzelfall, ob sich eine einfache Kostenfunktion finden läßt, mit der das Integral längs erwünschter Verläufe der Steuerfunktion und der Trajektorie kleine und sonst große Werte annimmt.

11. Unvollständige Information über die Regelstrecke

Bisher wurde davon ausgegangen, daß die *Parameter*, die das Verhalten der Regelstrecke charakterisieren, genau bekannt sind. Tatsächlich lassen sie sich aber nur innerhalb gewisser Fehlergrenzen festlegen. Ferner muß damit gerechnet werden, daß sie zeitlich nicht völlig konstant sind. Beispielsweise stellt im Fall des beschriebenen Flugkörpers das Trägheitsmoment Θ einen Systemparameter dar, der sich infolge Treibstoffverbrauchs ändert. Eine weitere Unvollständigkeit der Information über das System liegt generell darin, daß man den *Zustandsvektor* der Regelstrecke nur bis auf einen mehr oder minder großen Fehler genau messen kann oder daß einige seiner Komponenten aus technischen Gründen einer Messung überhaupt nicht zugänglich sind. Schließlich ist eine Unvollständigkeit der Information i.a. dadurch bedingt, daß außer den beschriebenen *kurzzeitigen* Störungen möglicherweise unbekannte *ständig* wirksame vorhanden und für den Trajektorienverlauf von Einfluß sind.

Sind die genannten "Informationslücken" hinreichend klein, so kann man die beschriebene Grundaufgabe im Prinzip dadurch lösen, daß man zu einer vorliegenden Anfangsauslenkung $\underline{x}_o = \underline{x}(t_o)$ eine Steuerfunktion $u(\underline{x}_o,t_o;t)$ bestimmt, mit der der Zustandsvektor aus der Anfangsauslenkung $\underline{x}_o$ in den Ursprung übergeht. In diesem Fall wird von einer "Steuerung" bzw. von einer "offenen Wirkungskette" gesprochen (Bild 10).

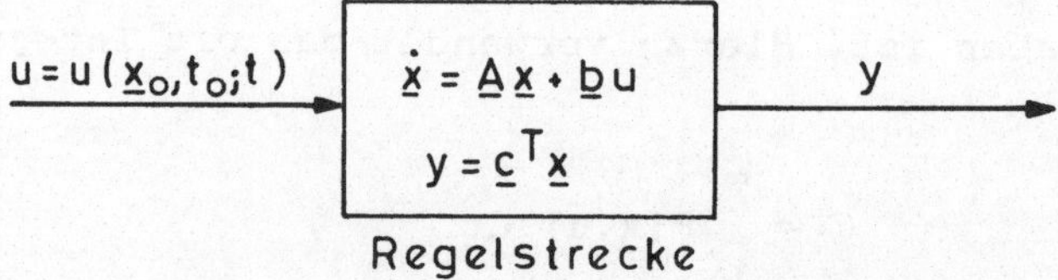

Bild 10 Strukturbild einer offenen Wirkungskette

Wenn die Auswirkungen der genannten Informationslücken nicht zu vernachlässigen sind, so ist es sinnvoll, für die Lösung der beschriebenen Grundaufgabe einen Regelkreis anzustreben, in dem sich die auf die Regelstrecke zu schaltende Steuergröße als Ausgangsgröße eines Reglers in Abhängigkeit von den gemessenen Zustandsgrößen ergibt (Bild 11).

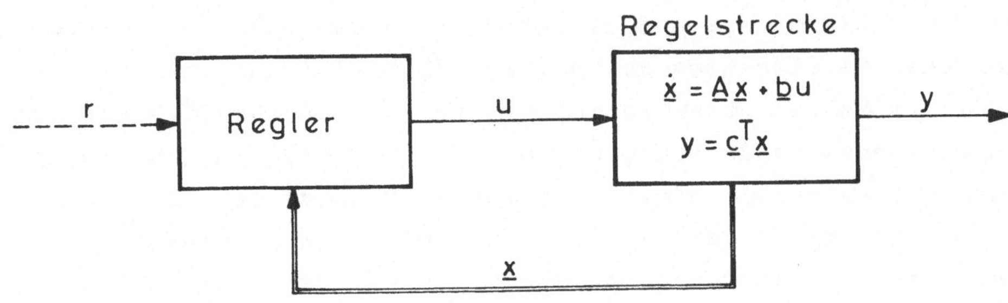

Bild 11 Anzustrebender Regelkreis zur Lösung der Grundaufgabe

Bei dieser Konfiguration wird nämlich dem Regler durch die Rückführgrößen zusätzliche Information über die Regelstrecke zugeführt, so daß sich die Auswirkungen der beschriebenen Informationslücken bei geeigneter Wahl des Reglers verringern lassen. Daneben kann der Regler so eingerichtet werden, daß er der Grundaufgabe in ihrer *globalen* Form entspricht, d.h. daß mit ihm *jede* interessierende Anfangsauslenkung $\underline{x}_o$ in den Ursprung übergeht.[1] Wegen dieses zweiten Gesichtspunktes ist die in Bild 11 gezeigte Rückführungsstruktur auch dann anzustreben, wenn die Information über die Regelstrecke nicht unvollständig ist.

Vergleichsweise einfach zu realisieren sind derartige Regler, wenn sich die aktuelle Steuergröße als unmittelbare Funktion

$$u(t) = f(\underline{x}(t)) \tag{46}$$

des aktuellen Zustandsvektors ergibt. In diesem Fall wird die Funktion $u = f(\underline{x})$ als zeitinvariantes "Steuergesetz" bezeichnet. Wenn dagegen als Regler ein funktionaler Zusammenhang der Gestalt vorliegt, daß der aktuelle Wert der Steuergröße auch noch von in der Vergangenheit liegenden Werten der Zustandsgrößen abhängt, dann läuft dies auf die Realisierung eines Reglers mit "Erinnerung" d.h. mit eigenen Zustandsgrößen hinaus, die i.a. aufwendiger ist.

---

1) Durch die in Bild 11 gestrichelt gezeichnete Führungsgröße r wird angedeutet, daß sich aus der Lösung der Grundaufgabe aufgrund von Abschnitt 6 auch die Lösung des Problems der Sollwertänderung ergibt.

III Bemerkungen zu bekannten Syntheseverfahren

Es sind eine Reihe von Syntheseverfahren bekannt, mit denen die oben formulierten Regelungsaufgaben mehr oder minder zufriedenstellend lösbar sind. Die konventionellen Verfahren gehen i.a. von dem Begriff der Übertragungsfunktion aus und zielen unmittelbar auf die Synthese eines geschlossenen Regelkreises ab. Demgegenüber sind die moderneren Verfahren oft im Zustandsraum formuliert und *primär* darauf ausgerichtet, die beschriebene Grundaufgabe mit Hilfe einer Steuerung zu lösen. Im folgenden werden einige dieser bekannten Syntheseverfahren insoweit diskutiert, als es für die Motivation und Einordnung der im Anschluß daran vorgeschlagenen Verfahren von Bedeutung ist.

12. Ein prinzipieller Mangel linearer Regelungssysteme

In der konventionellen Regelungstechnik wird das oben formulierte Stabilisierungsproblem bzw. das Problem der Sollwertänderung für lineare Regelstrecken dadurch gelöst, daß die Regelstrecke durch geeignete zusätzliche lineare Übertragungsglieder zu einem größeren System mit bestimmten Stabilitäts- und Übertragungseigenschaften erweitert wird. Eine häufig verwendete Konfiguration zeigt Bild 12. Darin bedeutet G(s)

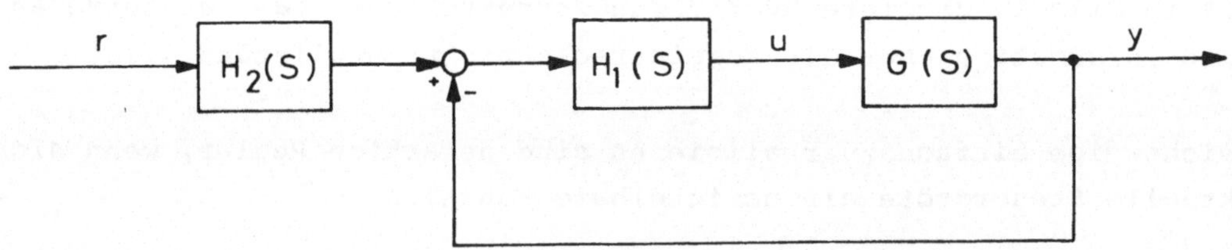

Bild 12 Häufig verwendete Konfiguration eines linearen Regelkreises

die Übertragungsfunktion der Regelstrecke, deren Steuer- und Ausgangsgröße u(t) und y(t) sind. Die Übertragungsfunktionen der zusätzlichen Glieder, die insgesamt einen linearen Regler ausmachen, sind mit $H_1(s)$ und $H_2(s)$ bezeichnet, und die Führungsgröße des resultierenden Regelkreises ist r(t).

Es sind zahlreiche Methoden bekannt, mit denen sich die Parameter derartiger linearer Regelglieder so bestimmen lassen, daß das resultierende geregelte lineare Gesamtsystem - mit gewissen Einschränkungen - ein bestimmtes gewünschtes Stabilitäts- und Übertragungsverhalten besitzt, und zwar auch dann, wenn die Information über die Regelstrecke nicht vollständig ist. Hervorzuheben ist, daß dies durch eine Regelung erreicht werden kann, in der - wie in Bild 12 - nur die Ausgangsgröße der Regelstrecke zurückgeführt wird, deren Messung i.a. keine Schwierigkeiten bereitet [1].

Eine weitere Konfiguration eines linearen Regelkreises zeigt Bild 13. In diesem Fall werden sämtliche Zustandsgrößen der Regelstrecke, d.h.

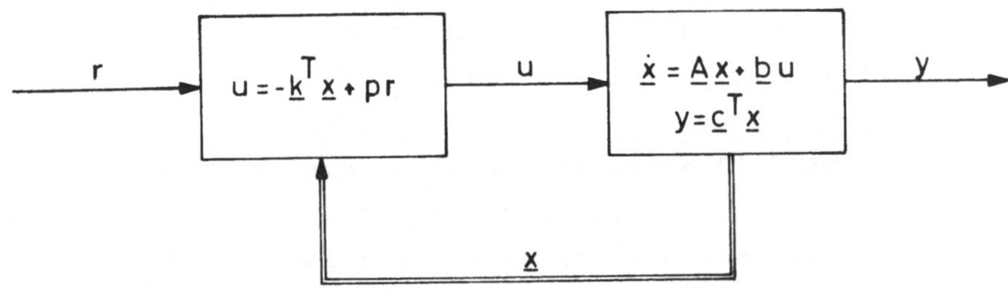

Bild 13 Lineares Regelungssystem mit mehreren Rückführgrößen und einem Regler ohne Zustandsgrößen

der gesamte Zustandsvektor $\underline{x}$ zurückgeführt. (Deshalb wird die Regelstrecke in der Abbildung unmittelbar durch die Systemgleichung (1) und nicht durch die zugehörige Übertragungsfunktion charakterisiert). Die Steuergröße u ist in diesem Regelungssystem als Linearkombination

$$u = -k_1\, x_1 - k_2\, x_2 - \dots - k_n\, x_n + pr \tag{47}$$

der Größen x_i und r gegeben, wofür man mit der Abkürzung

$$\underline{k} = \begin{bmatrix} k_1 \\ k_2 \\ \cdot \\ \cdot \\ \cdot \\ k_n \end{bmatrix} \tag{48}$$

vektoriell auch

$$u = -\underline{k}^T \underline{x} + pr \tag{49}$$

schreiben kann. Der Regler stellt in diesem Fall ein lineares Übertragungssystem mit Eingangsgrößen x_1, x_2, ..., x_n und r sowie mit der Ausgangsgröße u dar, das ersichtlich keine eigenen Zustandsgrößen besitzt. Im Falle verschwindender Frührungsgröße r bedeutet dies, daß sich die Steuergröße u entsprechend Gl.(46) als unmittelbare Funktion des aktuellen Zustandsvektors, und zwar aus dem linearen Steuergesetz

$$u = - \underline{k}^T \underline{x} \tag{50}$$

ergibt. Auch für derartige lineare Regler sind Methoden bekannt, mit denen sich die Reglerparameter, d.h. die Komponenten des Vektors $\underline{k}$, so bestimmen lassen, daß das geregelte Gesamtsystem bestimmte dynamische Eigenschaften besitzt (vergl. Abschn. 13 und 16.1).

Am Beispiel des in Bild 13 gezeigten Regelungssystems soll jetzt zunächst für den Fall $r(t) \equiv 0$ illustriert werden, daß man ein lineares Regelungssystem prinzipiell nur unbefriedigend auslegen kann, wenn Beschränkungen für Steuer- oder Zustandsgrößen der Form (38) bzw. (44) zu berücksichtigen sind. Hierzu werde von einem beliebigen linearen Steuergesetz (50) ausgegangen, mit dem das vorliegende Gesamtsystem stabil ist. Dann läuft die Trajektorie $\underline{x}(t)$ dieses Systems, die in irgendeinem Punkt $\underline{x}_o$ startet, asymptotisch in den Ursprung ein. Daher nimmt die Steuergröße $u(t) = - \underline{k}^T\underline{x}(t)$ längs dieser Trajektorie einen bestimmten Maximalbetrag

$$u_{max} (\underline{x}_o) \tag{51}$$

an. Das Entsprechende gilt für jede Größe der Form $d(t) = \underline{w}^T\underline{x}(t)$. Da eine solche Größe d(t) wie die Steuergröße als Skalarprodukt eines festen Vektors mit dem Zustandsvektor gebildet ist, genügt es für die nachfolgende Argumentation, davon auszugehen, daß nur für die Steuergröße eine Beschränkung $|u(t)| \leq u_o$ vorgegeben ist.

Aufgrund der Linearität des Gesamtsystems folgt unmittelbar, daß sich die Trajektorie zur Anfangsauslenkung $\mu\, \underline{x}_o$ aus der Trajektorie $\underline{x}(t)$, die zur Anfangsauslenkung $\underline{x}_o$ gehört, durch Multiplikation mit dem skalaren Faktor μ ergibt:

Anfangsauslenkung	Trajektorie
$\underline{x}_o$	$\underline{x}(t)$
$\mu\, \underline{x}_o$	$\mu\, \underline{x}(t)$

(52)

Damit sind auch die Maximalbeträge der Steuergröße, die auf beiden Trajektorien angenommen werden, um den Faktor μ verschieden, und zwar gilt

$$u_{max}(\mu\underline{x}_o) = |\mu| u_{max}(\underline{x}_o) \quad . \tag{53}$$

Daraus geht hervor, daß $u_{max}(\mu\underline{x}_o)$ für hinreichend kleine Werte von μ mit Sicherheit kleiner als die vorgegebene Schranke u_o wird. Insbesondere gibt es einen Wert $\mu = \mu^o(\underline{x}_o)$, für den die Beziehungen

$$u_{max}(\mu\underline{x}_o) \leq u_o \qquad \text{falls } |\mu| \leq \mu^o(\underline{x}_o) \tag{54}$$

$$u_{max}(\mu\underline{x}_o) > u_o \qquad \text{falls } |\mu| > \mu^o(\underline{x}_o) \tag{55}$$

gültig sind. Die Punkte $\mu\underline{x}_o$, die Gl. (54) entsprechen, liegen geometrisch auf der Verbindungsstrecke der Punkte $-\mu^o(\underline{x}_o)\underline{x}_o$ und $+\mu^o(\underline{x}_o)\underline{x}_o$, die in Bild 14 dargestellt ist. Die Punkte $\mu\underline{x}_o$, die Gl. (55) entspre-

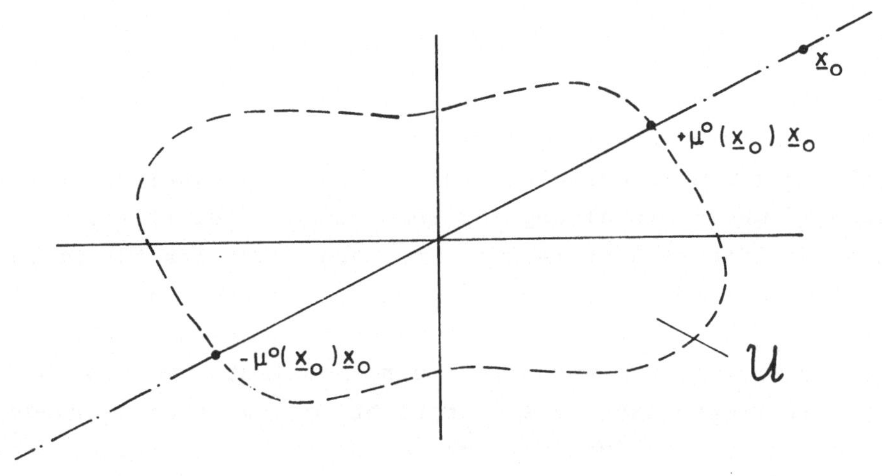

Bild 14 Zur Konstruktion der Umgebung U zu einem linearen System, die aus den Anfangspunkten sämtlicher Trajektorien besteht, auf denen überall $|u| \leq u_o$ gilt

chen, liegen auf den beiderseitigen Verlängerungen dieser Strecke, die in der Abbildung strichpunktiert gezeichnet sind. Wird diese Konstruktion für beliebig gerichtete Vektoren $\underline{x}_o$ wiederholt, so ergibt sich als Vereinigungsmenge aller Punkte $\mu\underline{x}_o$, die Gl. (54) entsprechen, eine Umgebung des Ursprungs U, die durch die Beziehungen

$$u_{max}(\underline{x}_o) \leq u_o \quad \text{falls} \quad \underline{x}_o \in U \tag{56}$$

und

$$u_{max}(\underline{x}_o) > u_o \quad \text{falls} \quad \underline{x}_o \notin U \tag{57}$$

charakterisiert ist. Längs jeder Trajektorie des betrachteten linearen Systems, die im Inneren oder auf dem Rande von U startet, ist daher der Verlauf der Steuergröße durch $|u(t)| \leq u_o$ beschränkt, während er für Trajektorien, die außerhalb von U starten, Beträge annimmt, die größer als u_o sind. Insbesondere gilt aufgrund der Konstruktion von U und der Beziehung (53), daß der zulässige Höchstbetrag u_o genau für alle Trajektorien angenommen wird, die auf dem Rande von U starten, und für Trajektorien, die im Inneren von U starten, umso weniger gut ausgeschöpft wird, je näher die Trajektorienanfangspunkte am Ursprung liegen.

Aus dieser letzten Feststellung leitet sich der zu zeigende prinzipielle Mangel linearer Regelungssysteme ab. Soll nämlich das vorliegende Regelungssystem so ausgelegt werden, daß irgendwelche Störungsauslenkungen $\underline{x}_o$ unter Einhaltung der Beschränkung $|u(t)| \leq u_o$ ausgeregelt werden, so läßt sich stets nur erreichen, daß dies für Störauslenkungen gilt, die in einer gewissen Umgebung U des Ursprungs gelegen sind. Dies allein bedeutet noch keine wesentliche Einschränkung, da sich in der Praxis oft von vornherein eine bestimmte Umgebung G der Ruhelage spezifizieren läßt, die beschreibt, mit welchen Störungsauslenkungen zu rechnen ist (Bild 7). Man wird daher das lineare Steuergesetz (50) so auslegen, daß die in Bild 14 konstruierte Umgebung U diese Umgebung G umfaßt, d.h. daß

$$G \subseteq U \tag{58}$$

gilt. Die Ausdehnung von U und insbesondere der Rand von U werden somit durch die größten zu erwartenden Störungsauslenkungen $\underline{x}_o$ bestimmt, während die kleineren - in der Praxis meist häufigeren - Störungen $\mu\underline{x}_o$ ($\mu < 1$) prinzipiell im Inneren von U gelegen sind. Aufgrund der Beziehung (53) ist aber bei der Ausregelung dieser kleineren Störungen der Verlauf der Steuergröße u(t) stets durch $|u(t)| \leq \mu u_o$ beschränkt. Mit anderen Worten, es wird dabei der für die Steuergröße zulässige Maximalbetrag umso schlechter ausgenutzt, je kleiner der Betrag von μ

ist, d.h. je kleiner die Störungsauslenkung $\mu\underline{x}_o$ ist.

Das Entsprechende gilt, wenn das in Bild 13 gezeigte Regelungssystem so ausgelegt werden soll, daß sich die Ausgangsgröße y durch sprungförmige Führungssignale r(t) auf unterschiedliche Sollwerte einstellen läßt. In diesem Fall kann der zulässige Maximalbetrag u_o prinzipiell nur dann ausgenutzt werden, wenn die größte vorgegebene Sollwertänderung kommandiert wird. Ferner läßt sich die obige Argumentation auf den Fall übertragen, daß für irgendwelche Linearkombinationen $d(t) = \underline{w}^T\underline{x}(t)$ der Zustandsgrößen Beschränkungen der Form (44) vorgegeben sind, sowie auf lineare Regelungssysteme, in denen die Regler durch eigene Zustandsgrößen gekennzeichnet sind (vergl. Bild 12).

Die in der vorliegenden Arbeit beschriebenen Syntheseverfahren basieren auf dem Gedanken, den soeben skizzierten prinzipiellen Mangel linearer Regler dadurch abzustellen, daß anstatt eines *festen* linearen Steuergesetzes - wie in Bild 13 - ein *variables* verwendet wird, das *in geeigneter Weise* vom aktuellen Zustandsvektor und eventuell auch von der Zeit abhängig ist. Auf diese Weise entstehen nichtlineare Regelungssysteme, deren mathematische Struktur Bild 15 entspricht, unabhängig

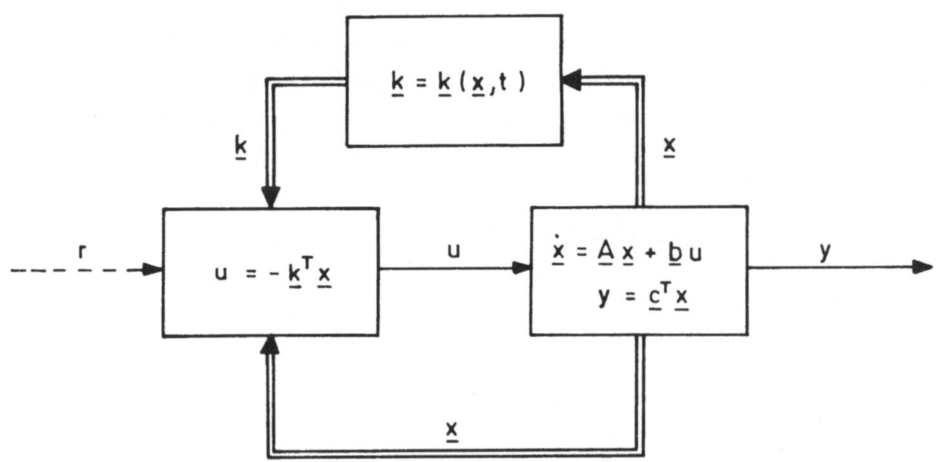

Bild 15 Mathematische Struktur eines Regelkreises, der auf einem Steuergesetz $u = -\underline{k}^T\underline{x}$ *mit variablem Vektor* $\underline{k}$ *basiert*

davon, daß für die gerätetechnische Realisierung dieser nichtlinearen Regler im Einzelfall ganz andere Strukturen zweckmäßig sind.[1)]

---

1) Vergl. Fußnote auf S.27.

13. Synthese durch Minimisierung von Güteintegralen

In der Optimaltheorie geht man zur Lösung der oben formulierten Regelungsaufgaben unmittelbar von der Grundaufgabe aus, die in Kap. II beschrieben worden ist. Dabei wird *primär* auf die Synthese einer Steuerung im Sinne von Bild 10 abgezielt. Und zwar wird zunächst eine "optimale Steuerfunktion" $u = u^*(\underline{x}_o, t_o; t)$ bestimmt, mit der der Zustandsvektor des vorgelegten vollständig steuer- und beobachtbaren linearen Systems (1) aus einer Anfangsauslenkung $\underline{x}_o = \underline{x}(t_o)$ unter Einhaltung der gegebenen Beschränkungen derart in den Ursprung einläuft, daß dabei ein geeignetes Güteintegral einen minimalen Wert annimmt.

Dieses Optimierungsproblem ist rechnerisch besonders einfach zu behandeln, wenn ein sog. quadratisches Güteintegral

$$J = \int_{t_o}^{\infty} (\underline{x}^T \underline{Q}\, \underline{x} + \lambda u^2)\, dt \qquad (59)$$

verwendet wird, in dem $\underline{Q}$ eine symmetrische positiv definite Matrix und λ eine positive Konstante darstellen, und wenn *zunächst* angenommen wird, daß für die Steuergröße und den Verlauf der Trajektorie keine Beschränkungen vorgegeben sind [6]. Es zeigt sich, daß in diesem Fall eine eindeutig bestimmte optimale Steuerfuntkion $u^*(\underline{x}_o, t_o; t)$ existiert, die als lineares Steuergesetz, d.h. als unmittelbare Funktion

$$u^*(\underline{x}_o, t_o; t) = -\,\underline{k}^T \underline{x}(t) \qquad (60)$$

des jeweils aktuellen Zustandsvektors geschrieben werden kann. In dieser Beziehung ist der konstante Vektor $\underline{k}$ durch den Ausdruck

$$\underline{k} = \frac{1}{\lambda}\, \underline{R}_o \underline{b}$$

bestimmt, wobei sich die Matrix $\underline{R}_o$ durch Auflösung der sog. reduzierten RICCATI-Gleichung

$$\underline{A}^T \underline{R}_o + \underline{R}_o \underline{A} - \frac{1}{\lambda}\, \underline{R}_o \underline{b}\, \underline{b}^T \underline{R}_o = -\underline{Q} \qquad (61)$$

nach einer positiv definiten Matrix $\underline{R}_o$ eindeutig aus den Systemgrößen $\underline{A}$ und $\underline{b}$ sowie aus den Güteparametern $\underline{Q}$ und λ ergibt.

Die Beziehung (60) stimmt mit dem linearen Steuergesetz (50) formal überein. Daher kann der jeweils auf die Regelstrecke zu schaltende optimale Steuergrößenwert durch Aufbau eines geschlossenen Regelkreises realisiert werden, der Bild 13 für den Fall $r(t) \equiv 0$ entspricht. Damit ist die Grundaufgabe bezüglich des Güteintegrals (59) - allerdings ohne Berücksichtigung von Beschränkungen - für beliebige Anfangsauslenkungen $\underline{x}_0$ gelöst, denn in diesem Regelungssystem läuft *jede* Trajektorie unter Minimisierung dieses Güteintegrals in den Ursprung ein.

Das resultierende Regelungssystem ist aber insgesamt linear, so daß es sich - wie in Abschnitt 12 beschrieben - prinzipiell nur unbefriedigend an gegebene Beschränkungen anpassen läßt. Durch eine geeignete Wahl des Faktors λ, mit dem die Steuergröße u im Güteintegral (59) bewichtet wird, läßt sich aber jedenfalls erreichen, daß ein für die Steuergröße vorgegebener höchstzulässiger Betrag u_0 wenigstens für die größten zu erwartenden Störungsauslenkungen ungefähr ausgeschöpft wird. Das Entsprechende gilt für die Wahl der Elemente der Matrix $\underline{Q}$, wenn Beschränkungen für den Trajektorienverlauf vorgegeben sind.

Wird bei der oben formulierten Optimierungsaufgabe *von vornherein* verlangt, daß das Güteintegral durch eine Steuerfunktion $u^*(\underline{x}_0, t_0; t)$ zu minimisieren ist, die der Beschränkung

$$|u^*(\underline{x}_0, t_0; t)| \leq u_0 \tag{62}$$

genügt, so entsteht ein Problem, das grundsätzlich mit Hilfe des Maximumprinzips von PONTRYAGIN lösbar ist[7]. Allerdings führt die Anwendung dieses Prinzips auf eine nichtlineare Randwertaufgabe, so daß die explizite Berechnung der optimalen Steuerfunktion auf diesem Wege sowohl analytisch als auch numerisch nur in verhältnismäßig einfachen Fällen möglich ist. Es läßt sich aber jedenfalls zeigen, daß die resultierende optimale Steuerfunktion

$$u = u^*(\underline{x}_0, t_0; t) \tag{63}$$

- sofern sie existiert und eindeutig ist - bei Verwendung von Güteintegralen der Form (45) als zeitunabhängige Funktion

$$u = f^*(\underline{x}(t)) \tag{64}$$

des aktuellen Zustandsvektors darstellbar und somit durch Aufbau eines geschlossenen Regelkreises entsprechend Bild 11 realisierbar ist.[1]) Hierzu ist in Bild 16 die Trajektorie $\underline{x}(t)$ dargestellt, die zum An-

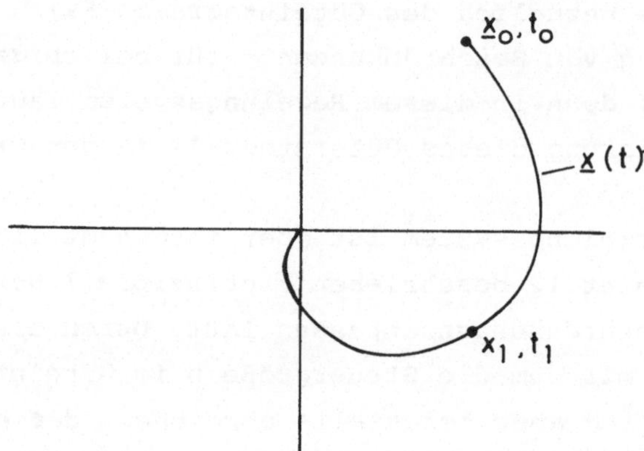

Bild 16 Zum Beweis, daß sich eine optimale Steuerfunktion aufgrund des Optimalitätsprinzips in Gestalt eines Steuergesetzes schreiben läßt

fangspunkt $\underline{x}_o = \underline{x}(t_o)$ und zur optimalen Steuerfunktion (63) gehört. Man kann dann zeigen, daß der Verlauf von $u^*(\underline{x}_o,t_o;t)$ von einem beliebig herausgegriffenen späteren Zeitpunkt t_1 an identisch ist mit dem Verlauf der (eindeutig bestimmten) optimalen Steuerfunktion $u^*(\underline{x}_1,t_1;t)$, die zum Anfangspunkt $\underline{x}_1 = \underline{x}(t_1)$ gehört.[2]) Damit ist der Wert der Steuerfunktion (63) zum Zeitpunkt t_1 durch $u^*(\underline{x}_1,t_1;t_1)$, d.h. durch einen Ausdruck bestimmt, der sich eindeutig aus dem gerade aktuellen Zustandsvektor $\underline{x}_1$ ergibt. Das bedeutet aber, daß die optimale Steuerfunktion (63) in der Form eines Steuergesetzes (64) darstellbar ist.

Nur in sehr einfachen Fällen sind die resultierenden Steuergesetze explizit bekannt. Wird als Güteintegral beispielsweise

---

1) Dasselbe gilt für das unten angegebene Güteintegral (65), das der Forderung nach Zeitoptimalität entspricht, sowie in Sonderfällen auch für Güteintegrale, deren Wert von der Wahl des Anfangszeitpunktes t_o abhängig ist (z.B. bei Hinzufügung des Faktors $\exp(t-t_o)$ zum Integranden in Gl. (45)).

2) Der Beweis für diese trivial erscheinende Aussage, die als Optimalitätsprinzip von BELLMAN bezeichnet wird, ergibt sich aus Abschnitt 15.

$$J = \int_{t_o}^{t_1} dt \qquad (65)$$

mit freiem Zeitpunkt t_1 und vorgegebenem Endpunkt $\underline{x}(t_1) = \underline{0}$ gewählt, so liefert das Maximumprinzip die "zeitoptimale Steuerfunktion", mit der die Systemtrajektorie unter Einhaltung der Beschränkung (62) in kürzestmöglicher Zeit von $\underline{x}(t_o)$ in den Ursprung übergeht. Das zugehörige optimale Steuergesetz sieht im Falle der oben betrachteten linearen Regelstrecken so aus, daß der Zustandsraum durch "Schaltflächen" in Zonen eingeteilt wird, zu denen der Steuergrößenwert $u = +u_o$ bzw. $u = -u_o$ gehört. Beispielsweise ist in Bild 17 dargestellt, auf welche

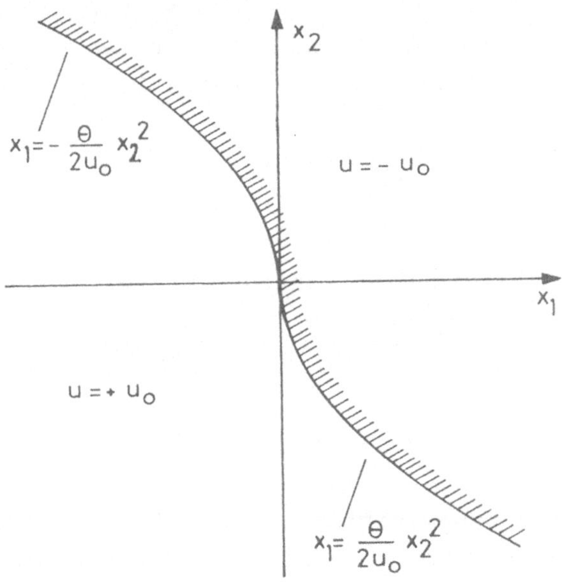

Bild 17 Zeitoptimales Steuergesetz zur Regelstrecke $(1/\Theta)/s^2$

Zoneneinteilung die Systemgleichung (21) führt, die zum oben beschriebenen Flugkörper gehört. (Für Punkte *auf* der Schaltkurve gilt $u = +u_o$ bzw. $u = -u_o$, jenachdem ob der betreffende Punkt im vierten oder zweiten Quadranten gelegen ist).

Bei einem quadratischen Güteintegral der Form

$$J = \int_{t_o}^{t_1} \underline{x}^T \underline{Q}\, \underline{x}\, dt \tag{66}$$

mit positiv definiter symmetrischer Matrix $\underline{Q}$ ergeben sich ähnliche Einteilungen in Zonen mit zugehörigen Werten $u = +u_o$ und $u = -u_o$, jedoch kommen in diesem Fall auch Punktmannigfaltigkeiten vor, auf denen die Steuergröße Zwischenwerte annimmt [8].

Für Systeme höherer Ordnung ist die Struktur derartiger optimaler Steuergesetze i.a. äußerst kompliziert, so daß ihre technische Realisierung sehr aufwendig wird. Ferner können diese Steuergesetze zu unerwünschten Systemeigenschaften führen. Sind nämlich die Parameter der Regelstrecke nicht exakt bekannt oder wirken äußere Störungen ein, so kann dies zu einem ständigen Hin- und Herschalten an den Schaltflächen, d.h. zum sog. "Rattern" führen, was in der Praxis sehr störend ist.

Das Maximumprinzip läßt sich auch darauf erweitern, daß von vornherein Beschränkungen für den Verlauf der Trajektorien vorgegeben sind. Explizite Lösungen sind in diesem Fall jedoch aufgrund vermehrter analytischer bzw. numerischer Schwierigkeiten nur für einfachste Beispiele bekannt.

14. Synthese mit Hilfe der zweiten Methode von LJAPUNOV

Ein weiteres bekanntes Syntheseverfahren, mit dem sich eine vorgegebene Steuergrößenbeschränkung von vornherein berücksichtigen läßt, basiert auf der zweiten Methode von LJAPUNOV, die in Abschnitt 3 beschrieben worden ist. Bei diesem Verfahren geht man von einer skalaren Funktion $V(\underline{x})$ aus, die z.B. den genannten LJAPUNOV-Eigenschaften (L1) bis (L4) genügt. Die Steuergröße u wird in jedem Aufpunkt $\underline{x}$ innerhalb der erlaubten Grenzen[1)] stets so gewählt, daß die zeitliche Ableitung von $V(\underline{x})$ mit möglichst großem Betrag negativ ist. Dann ist durch den Stabilitätssatz 1 sichergestellt, daß jede Systemtrajektorie x(t) unter Einhaltung der vorgegebenen Steuergrößenbeschränkungen in den Ursprung läuft. Wieweit der Trajektorienverlauf den im übrigen erwünschten Spe-

1) Meist liegen Steuergrößenbeschränkungen der Form $|u(t)| \leq u_o$ vor. Ebenso lassen sich aber "unsymmetrische Beschränkungen" $|u(t) + \text{const}| \leq u_o$ behandeln (vergl. Fußnote auf Seite 22) oder Beschränkungen der Form $|u(t)| \leq u_o(\underline{x})$, bei denen der für die Steuergröße zugelassene Maximalbetrag von $\underline{x}$ abhängig ist.

zifikationen entspricht, hängt von einer geeigneten Wahl der Funktion $V(\underline{x})$ ab. Entsprechend kann man bei der Synthese den Stabilitätssatz 2 zugrundelegen. Das führt dann zu einem Gesamtsystem, dessen Ruhelage $\underline{x} = \underline{0}$ i.a. nur einen endlichen Einzugsbereich besitzt.

Die Synthese nach LJAPUNOV läuft somit darauf hinaus, daß die zeitliche Ableitung der Funktion $V(\underline{x})$ in jedem Punkt $\underline{x}$ durch geeignete Wahl von u zu minimisieren ist. Wenn die Funktion $V(\underline{x})$ nach den n Zustandsgrößen $x_1, x_2, \ldots, x_n$ partiell differenzierbar ist (und die partiellen Ableitungen stetig sind), so gilt für $dV/dt = \dot{\underline{V}}$ der Ausdruck

$$\dot{V} = \sum_{i=1}^{n} \frac{\partial V}{\partial x_i} \frac{dx_i}{dt} \tag{67}$$

für den sich vektoriell auch

$$\dot{V} = \dot{\underline{x}}^T \underline{\text{grad}}(V) \tag{68}$$

schreiben läßt. Wird hierin $\dot{\underline{x}}$ aufgrund der linearen Systemgleichung (1) durch $\underline{A}\,\underline{x} + \underline{b}\,u$ ersetzt, so ergibt sich

$$\dot{V} = \underline{x}^T \underline{A}^T \underline{\text{grad}}(V) + u\, \underline{b}^T \underline{\text{grad}}(V) \quad . \tag{69}$$

Bezüglich aller Werte u, für die $|u| \leq u_o$ gilt, nimmt dieser Ausdruck in jedem Aufpunkt $\underline{x}$ den kleinstmöglichen Wert an, wenn

$$u(\underline{x}) = \begin{cases} -u_o, & \text{falls } \underline{b}^T \underline{\text{grad}}(V) > 0 \\ +u_o, & \text{falls } \underline{b}^T \underline{\text{grad}}(V) < 0 \end{cases} \tag{70}$$

oder in abgekürzter Schreibweise

$$u(\underline{x}) = -u_o \operatorname{sgn}(\underline{b}^T \underline{\text{grad}}(V)) \tag{71}$$

gesetzt wird. (Falls $\underline{b}^T \underline{\text{grad}}(V) = 0$ gilt, so hängt $\dot{V}$ nicht von u ab, so daß man u = 0 setzen kann). Diese Beziehung stellt somit das Steuergesetz dar, zu dem die Synthese nach LJAPUNOV bei linearen Regelstrecken (1) führt. Es ist ersichtlich dadurch charakterisiert, daß es im Zustandsraum zu einer Zoneneinteilung mit den zugehörigen Steuergrößenwerten $u = +u_o$ und $u = -u_o$ führt. Ob sich mit diesem Steuergesetz ein global asymptotisches Gesamtsystem oder wenigstens ein endliches Einzugsgebiet der Ruhelage $\underline{x} = \underline{0}$ ergibt, hängt von der Wahl der Funktion

$V(\underline{x})$ ab.

Wird z.B. für die Funktion $V(\underline{x})$ eine quadratische Form

$$V(\underline{x}) = \underline{x}^T \underline{P}\, \underline{x} \qquad (72)$$

mit positiv definiter reeller symmetrischer Matrix $\underline{P}$ gewählt, so sind jedenfalls die LJAPUNOV-Eigenschaften (L1) bis (L4) erfüllt. Für die zeitliche Ableitung von $V(\underline{x})$ liefert Gl. (69) in diesem Fall den Ausdruck

$$\dot{V}(\underline{x}) = \underline{x}^T(\underline{A}^T\underline{P}+\underline{P}\,\underline{A})\underline{x} + 2u\, \underline{b}^T\underline{P}\, \underline{x} \qquad (73)$$

der mit der Abkürzung $\underline{k}^T = \underline{b}^T\underline{P}$ aufgrund von Gl. (71) für

$$u(\underline{x}) = -u_o \mathrm{sgn}(\underline{k}^T\underline{x}) \qquad (74)$$

ein Minimum annimmt.

Für stabile reelle Matrizen $\underline{A}$ ist bekannt, daß sich die Matrizengleichung

$$\underline{Q} = -(\underline{A}^T\underline{P}+\underline{P}\,\underline{A}) \qquad (75)$$

für beliebige positiv definite reelle symmetrische Matrizen $\underline{Q}$ eindeutig nach einer symmetrisch angesetzten positiv definiten reellen Matrix $\underline{P}$ auflösen läßt.[1)] Wird daher bei einer stabilen Matrix $\underline{A}$ die Matrix $\underline{P}$ in Gl. (72) durch Auflösung von Gl. (75) bei beliebig vorgegebener positiv definiter reeller symmetrischer Matrix $\underline{Q}$ bestimmt, so ist der Term $\underline{x}^T(\underline{A}^T\underline{P}+\underline{P}\,\underline{A})\underline{x}$ in Gl. (73) für jedes $\underline{x}$ negativ, so daß mit dem Steuergesetz (74) im ganzen Zustandsraum erst recht $\dot{V}(\underline{x}) < 0$ gilt. Das resultierende Gesamtsystem ist daher aufgrund des Stabilitätssatzes 1 in jedem Fall global asymptotisch stabil. Das eigentliche Syntheseproblem besteht dann darin, die Matrix $\underline{Q}$ so zu wählen, daß das zugehörige Gesamtsystem den im übrigen erwünschten Spezifikationen möglichst gut entspricht.

Ist die Matrix $\underline{A}$ nicht stabil, so kann der erste Term auf der rechten Seite von Gl. (73) für keine Wahl von $\underline{P}$ negativ definit sein. Dann wäre

---

1) Vergl. [9] und [10]. Der Beweis ergibt sich aber auch aus dem Zusammenhang von Abschnitt 16.4. Vergl. ferner Fußnote auf Seite 113.

nämlich $\dot{V}(\underline{x})$ bei verschwindender Steuergröße überall negativ, woraus sich entgegen der getroffenen Voraussetzung die Stabilität von $\underline{A}$ ergibt. Wenn daher die Matrix $\underline{A}$ nicht stabil ist, bedarf es in jedem Einzelfall einer Überprüfung, ob das Steuergesetz (74) zu einer asymptotisch stabilen Ruhelage $\underline{x} = \underline{0}$ führt und wie groß gegebenenfalls das zugehörige Einzugsgebiet ist.[1)]

In Bild 18 ist dargestellt, daß das Steuergesetz (74) zu einer sehr einfachen Einteilung des Zustandsraumes in Bereiche mit den zugehörigen Steuergrößenwerten $u = +u_o$ und $u = -u_o$ führt. Und zwar handelt es sich

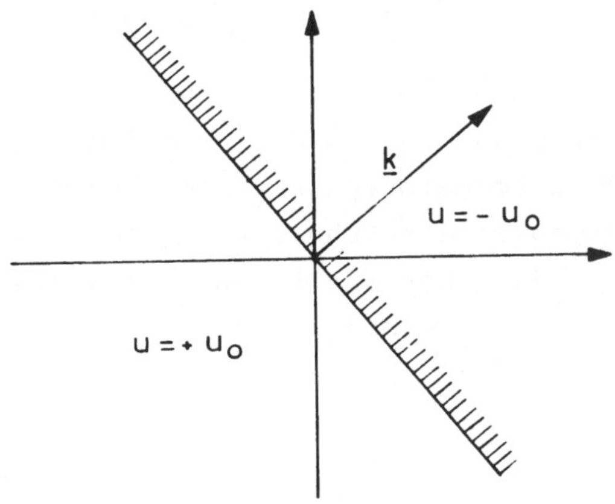

Bild 18 Struktur des Steuergesetzes, das sich bei der Synthese nach LJAPUNOV für eine quadratische Funktion $V(\underline{x})$ ergibt

um zwei Halbräume mit einer Hyperebene als Trennfläche, die senkrecht zur Richtung von $\underline{k}^T = \underline{b}^T\underline{P}$ durch den Ursprung verläuft. Ersichtlich ist die Struktur dieser Steuergesetze, die zu einer quadratischen Funktion $V(\underline{x})$ gehören, wenig differenziert, so daß eine Anpassung des resultierenden Systemverhaltens an gewünschte Spezifikationen durch eine geeignete Wahl der Matrix $\underline{P}$ nur sehr bedingt möglich ist. Aus diesem Grunde ist man auch an komplizierteren Funktionen $V(\underline{x})$ interessiert, deren zugehörige Steuergesetze "flexibler" sind.

Für die Synthese aufgrund der Stabilitätssätze 1 und 2 sind allgemein

---

1) Hierzu kann der Stabilitätssatz 2 herangezogen werden. Um auf diese Weise ein hinreichend großes Einzugsgebiet nachzuweisen, kann man *irgendeine* geeignete Funktion $V(\underline{x})$ wählen. Insbesondere braucht diese Funktion nicht mit derjenigen identisch zu sein, die der Synthese, d.h. dem Steuergesetz (71) zugrunde liegt.

Funktionen $V(\underline{x})$ bequem, die für alle $\underline{x} \neq \underline{O}$ positiv sind. Diese Eigenschaft ist z.B. für Funktionen der Form

$$V(\underline{x}) = \underline{x}^T\underline{P}_1\underline{x} + \underline{x}^T\underline{P}_{21}\underline{x} \cdot \underline{x}^T\underline{P}_{22}\underline{x} + \ldots + \underline{x}^T\underline{P}_{M1}\underline{x} \cdot \underline{x}^T\underline{P}_{M2}\underline{x} \cdot \cdot \cdot \underline{x}^T\underline{P}_{MM}\underline{x} \tag{76}$$

erfüllt, wenn alle Matrizen $\underline{P}$ positiv definit sind. Wenn man diese Matrizen $\underline{P}$ bei einer stabilen Systemmatrix $\underline{A}$ jeweils durch Auflösung einer Gleichung der Form (75) mit positiv definiter symmetrischer Matrix $\underline{Q}$ gewinnt, so läßt sich analog zur obigen Argumentation zeigen, daß dann das resultierende Gesamtsystem in jedem Fall global asymptotisch stabil ist. Da in der Praxis aber stets ein endliches Einzugsgebiet der Ruhelage ausreichend ist, kann man bei der Synthese nach LJAPUNOV von vornherein auch von noch allgemeineren Funktionen $V(\underline{x})$ ausgehen, die nur in einer gewissen Umgebung der Ruhelage $\underline{x} = \underline{O}$ positiv sind. Hierzu können in dem Ansatz (76) außer für $\underline{P}_1$ auch Matrizen zugelassen werden, die nicht positiv definit sind, oder man kann für $V(\underline{x})$ eine Darstellung in Gestalt eines Polynoms wählen, dessen Veränderliche die n Zustandsgrößen $x_1,x_2,\ldots,x_n$ sind.

Die Synthese nach LJAPUNOV führt also bei linearen Regelstrecken (1) mit einer vorgegebenen Steuergrößenbeschränkung zu leicht berechenbaren Steuergesetzen (anders, als es sich bei der Synthese durch Minimisierung von Güteintegralen ergab). Ebenso ist in diesem Fall die Sicherstellung der Stabilität bzw. die Bestimmung eines Einzugsgebietes der Ruhelage - wie sich gezeigt hat - je nach der verwendeten Funktion $V(\underline{x})$ entweder problemlos, oder sie kann jedenfalls mit Hilfe numerischer Methoden erfolgen.[1)] Die eigentliche Schwierigkeit bei der Synthese nach LJAPUNOV besteht darin, eine Funktion $V(\underline{x})$ zu finden, die durch Minimisierung von $\dot{V}(\underline{x})$ zu dem *im übrigen* erwünschten Systemverhalten führt. Dies wird durch einen Vergleich mit der Synthese durch Minimisierung von Güteintegralen, die im vorangegangenen Abschnitt beschrieben worden ist, besonders klar. Dort basierte die Synthese auf der Minimisierung einer Größe, in die jeweils der *gesamte restliche Trajektorienverlauf* eingeht. Daher hängt der resultierende Trajektorienverlauf qualitativ in übersichtlicher Weise von der Wahl der Kostenfunktion im Güteintegral ab. Bei der Synthese nach LJAPUNOV ist die jeweils zu minimisierende Größe $\dot{V}(\underline{x})$ demgegenüber *lokal*. Daher ist

1) Vergl. hierzu Abschnitt 33, Absatz 4.

der Zusammenhang zwischen der gewählten Funktion $V(\underline{x})$ und dem zugehörigen Trajektorienverlauf viel weniger durchsichtig. Daraus resultiert die genannte Schwierigkeit bei der Wahl von $V(\underline{x})$.

In diesem Zusammenhang ist interessant, daß ein eindeutig bestimmtes zeitoptimales Steuergesetz der Form (64), das auf der Minimisierung des Güteintegrals (65) basiert, *nachträglich* stets so geschrieben werden kann, daß es formal aus der Synthese nach LJAPUNOV resultiert. Hierzu bezeichne man für jeden Punkt $\underline{x}$ denjenigen Wert des zugrundeliegenden Güteintegrals, der sich für die zeitoptimale Steuerfunktion vom Aufpunkt $\underline{x}$ aus ergibt, mit $V(\underline{x})$. Durch diese Vorschrift wird eine Funktion $V(\underline{x})$ erklärt, deren Wert an der Stelle $\underline{x}$ durch die kürzeste Zeitspanne bestimmt ist, innerhalb der die Überführung des Zustandsvektors aus dem Punkt $\underline{x}$ in den gewünschten Endpunkt $\underline{x} = \underline{0}$ unter Einhaltung der gegebenen Steuergrößenbeschränkung möglich ist. Aufgrund des Optimalitätsprinzips[1] erreicht die optimale Trajektorie (d.h. die Trajektorie, die zum zeitoptimalen Steuergesetz gehört) vom Punkt $\underline{x}$ aus innerhalb einer kleinen Zeitspanne Δt einen Punkt $\underline{x}'$, für den der Wert der restlichen erforderlichen Zeit $V(\underline{x}')$ kleiner als für sämtliche andere Punkte ist, die von $\underline{x}$ aus innerhalb der Zeitspanne Δt erreichbar sind. Damit ist das zeitoptimale Steuergesetz durch die Forderung eindeutig bestimmt, daß der Wert von dV/dt (in Richtung der Trajektorie) in jedem Punkt $\underline{x}$ durch geeignete Wahl von u zu minimisieren ist.

Ein ähnlicher Zusammenhang besteht für eindeutige optimale Steuergesetze, die auf Güteintegralen der Form (45) basieren. Um dies einzusehen, bezeichne man wieder denjenigen Wert des zugrundeliegenden Güteintegrals, der sich für die optimale Steuerfunktion vom Aufpunkt $\underline{x}$ aus ergibt, mit $V(\underline{x})$. Für die Anwendung des Optimalitätsprinzips ist in diesem Fall zu beachten, daß sich stets der gleiche Beitrag ΔJ zum Wert des Güteintegrals ergibt, wenn sich das System in irgendeinem Zustand $\underline{x}$ befindet und wenn während der kleinen Zeitspanne $\Delta t = \Delta J/F(\underline{x},u)$ ein beliebiger konstanter Wert der Steuergröße u auf das System geschaltet wird. Die optimale Trajektorie ist nun aufgrund des Optimalitätsprinzips dadurch festgelegt, daß der Beitrag ΔJ zur größtmöglichen Verringerung des restlichen Güteintegrals führen muß. Damit ist das optimale Steuergesetz in diesem Fall durch die Forderung eindeutig bestimmt, daß der Wert von $dV/F(\underline{x},u)dt$ in jedem Punkt $\underline{x}$ durch geeignete Wahl von u zu minimisieren ist.

---

1) Vergl. die Abschnitte 13 und 15.

Die Synthese nach LJAPUNOV ist primär auf die Berücksichtigung von Beschränkungen der Steuergröße abgestimmt. Im Hinblick auf Beschränkungen, die möglicherweise auch für den Trajektorienverlauf vorgegeben sind, ist zu bemerken, daß der Wert von $V(\underline{x})$ längs der resultierenden Trajektorien nicht zunehmen kann. Das bedeutet, daß eine Trajektorie, die zur Zeit t_o in $\underline{x}_o = \underline{x}(t_o)$ startet, in ihrem weiteren Verlauf den Bereich

$$U = \{\underline{x} \mid V(\underline{x}) \leq V(\underline{x}_o)\} \qquad (77)$$

nicht verläßt.

IV Synthese suboptimaler Regler mit abschnittweise linearer Struktur

15. Synthese durch wiederholte Verkleinerung des jeweils restlichen Güteintegrals

In Abschnitt 13 wurde dargelegt, daß die Synthese durch Minimisierung von Güteintegralen bei Vorliegen von Beschränkungen mathematisch sehr aufwendig und daher nur in einfachen Fällen explizit durchführbar ist. Aus diesem Grunde ist die Frage naheliegend, ob sich nicht eine nennenswerte Vereinfachung ergibt, wenn man auf Optimalität verzichtet und stattdessen "suboptimale Steuerfunktionen" sucht, mit denen der Wert des Güteintegrals "verhältnismäßig klein", wenn auch nicht kleinstmöglich ist.

Für eine suboptimale Steuerfunktion ist das in Zusammenhang mit Bild 16 bereits erwähnte Optimalitätsprinzip von BELLMAN nicht mehr erfüllt. Es gehöre nämlich die dort abgebildete Trajektorie $\underline{x}(t)$ zu einer suboptimalen Steuerfunktion u(t), die vom Punkt $\underline{x}_o = \underline{x}(t_o)$ aus zu einem relativ kleinen aber nicht dem kleinsten Wert des betrachteten Güteintegrals führt. Dann ist es klar, daß sich der Verlauf dieser Steuerfunktion von einem Zeitpunkt $t_1 > t_o$ an möglicherweise durch einen "besseren" Steuergrößenverlauf ersetzen läßt, mit dem der Wert des restlichen Güteintegrals kleiner als mit der ursprünglichen Steuerfunktion ist. Wenn daher ein brauchbares Verfahren zur Verfügung steht, mit dem sich zu jeder beliebigen Anfangsauslenkung $\underline{x}(t_o) = \underline{x}_o$ eine Steuerfunktion bestimmen läßt, die die beschriebene Grundaufgabe in suboptimaler Weise löst, dann darf man erwarten, daß man zu "verbesserten Steuerfunktionen" gelangt, wenn man dieses Verfahren nicht nur im Anfangszeitpunkt t_o anwendet, sondern wenn man in aufeinanderfolgenden Zeitpunkten $t_1 < t_2 < t_3 < \ldots$ jeweils zu neubestimmten Steuerfunktionen übergeht, die suboptimal bezüglich des gerade erreichten Punktes $\underline{x}(t_i)$ sind.

Dieser Gedanke wird im folgenden genauer ausgeführt. Hierzu wird von einem vollständig steuer- und beobachtbaren zeitinvarianten linearen System (1) ausgegangen und der Begriff der "zulässigen Steuerfunktion" u(t) eingeführt. Und zwar soll eine Steuerfunktion u(t) zulässig bezüglich eines Anfangspunktes $\underline{x}_o$ und bezüglich einer Anfangszeit t_o, kurz "zulässig bezüglich $(\underline{x}_o, t_o)$" heißen, wenn sie den folgenden Eigenschaften genügt:

(Z1) Das System $\dot{\underline{x}} = \underline{A}\,\underline{x} + \underline{b}\,u$ besitzt eine eindeutig definierte stetige Trajektorie $\underline{x}(t)$, die zur Zeit t_o in $\underline{x}_o$ startet und mit $t \to \infty$ in den Ursprung einläuft.

(Z2) Der Betrag der Steuerfunktion ist für alle Zeitpunkte $t \geq t_o$ durch

$$|u(t)| \leq u_o \tag{78}$$

beschränkt.

(Z3) Der Betrag einer Zustandsgröße $x_i(t)$ oder allgemeiner einer Linearkombination $d(t) = \underline{w}^T\underline{x}(t)$ der Zustandsgrößen ist für alle Zeitpunkte $t \geq t_o$ durch

$$|d(t)| \leq d_o \tag{79}$$

beschränkt.

(Z4) Das Güteintegral

$$J(\underline{x}_o, u(t)) = \int_{t_o}^{\infty} F(\underline{x}, u)\,dt \quad , \tag{80}$$

existiert und besitzt einen endlichen Wert. (Dieses Güteintegral ist längs der Trajektorie $\underline{x}(t)$ des vorliegenden Systems gebildet, die zu $u(t)$ und zur Anfangsauslenkung $\underline{x}_o = \underline{x}(t_o)$ gehört). Dabei soll $F(\underline{x},u)$ irgendeine fest vorgegebene Kostenfunktion sein, die den Beziehungen

$$F(\underline{x},u) = 0 \quad \text{für } \underline{x} = \underline{0} \text{ und } u = 0 \tag{81}$$

$$F(\underline{x},u) > 0 \quad \text{für } \underline{x} \neq \underline{0} \text{ und } |u| \leq u_o \tag{82}$$

genügt und die folgende Eigenschaft besitzt: Zu jedem Wert $R > 0$ gibt es eine positive Zahl $\delta(R)$ derart, daß für $|u| \leq u_o$

$$|\underline{x}| \geq R \to F(\underline{x},u) \geq \delta(R) \tag{83}$$

gilt. (Dies bedeutet, daß $F(\underline{x},u)$ außerhalb des Kreises

$|\underline{x}| \leq R$ nicht gegen Null streben kann).

Steuerfunktionen u(t), die in diesem Sinne bezüglich $(\underline{x}_o, t_o)$ zulässig sind, zeichnen sich durch eine Reihe bemerkenswerter Eigenschaften aus:

Lemma 1

Es sei die Steuerfunktion $u_o(t)$ zulässig bezüglich $(\underline{x}_o, t_o)$, und $\underline{x}(t)$ sei die zugehörige Trajektorie, die zur Zeit t_o in $\underline{x}_o$ startet (Bild 16). Ferner sei $\underline{x}_1$ ein Punkt dieser Trajektorie, der zur Zeit t_1 durchlaufen wird, und es sei $u_1(t)$ eine Steuerfunktion, die bezüglich $(\underline{x}_1, t_1)$ zulässig ist. Dann ist die zusammengesetzte Steuerfunktion

$$u(t) = \begin{cases} u_o(t) \quad , \quad t_o \leq t < t_1 \\ u_1(t) \quad , \quad t_1 \leq t \end{cases} \tag{84}$$

zulässig bezüglich $(\underline{x}_o, t_o)$.

Der Beweis hierfür ergibt sich unmittelbar aus der Definition der Zulässigkeit. Aus diesem Lemma folgt:

Lemma 2 (Optimalitätsprinzip von BELLMAN und Umkehrung)

Ist in Lemma 1 die Steuerfunktion $u_o(t)$ bezüglich $(\underline{x}_o, t_o)$ optimal, d.h. gibt es keine andere zulässige Steuerfunktion, die vom Anfangspunkt $\underline{x}_o$ aus zu einem kleineren Wert des Güteintegrals führt, so ist der Verlauf von $u_o(t)$ vom Zeitpunkt t_1 an bezüglich $(\underline{x}_1, t_1)$ optimal. Das bedeutet, es gibt dann keine bezüglich $(\underline{x}_1, t_1)$ zulässige Steuerfunktion $u_1(t)$, die von t_1 an "besser" als der Verlauf von $u_o(t)$ ist. Wenn umgekehrt $u_o(t)$ nicht optimal bezüglich $(\underline{x}_o, t_o)$ ist, so ist nicht ausgeschlossen, daß sich $u_o(t)$ durch die in Lemma 1 beschriebene Konstruktion verbessern läßt.

Der Beweis für das Optimalitätsprinzip ergibt sich durch Widerspruch. Wenn man nämlich annimmt, daß das Optimalitätsprinzip nicht gilt, so läßt sich aufgrund von Lemma 1 eine Steuerfunktion u(t) konstruieren, die bezüglich $(\underline{x}_o, t_o)$ zulässig und im Widerspruch zur Optimalität von $u_o(t)$ "besser" als $u_o(t)$ ist. Da man für diesen Schluß auf die Optimalität von $u_o(t)$ nicht verzichten kann, ist auch klar, daß die angegebene Umkehrung gilt.

Nunmehr kann das Lemma formuliert werden, auf dem die bereits skizzierte Synthese durch wiederholte Verkleinerung des jeweils restlichen Güteintegrals basiert.

Lemma 3 (Syntheselemma)

Es werde die in Lemma 1 beschriebene Konstruktion in einer unendlichen Folge von Zeitpunkten

$$t_o < t_1 < t_2 < t_3 < \ldots \tag{85}$$

wiederholt, so daß die zusammengesetzte Steuerfunktion

$$u(t) = \begin{cases} u_o(t) , & t_o \leq t < t_1 \\ u_1(t) , & t_1 \leq t < t_2 \\ u_2(t) , & t_2 \leq t < t_3 \\ \cdot \\ \cdot \\ \cdot \end{cases} \tag{86}$$

resultiert. Entsprechend Lemma 1 seien die Steuerfunktionen $u_i(t)$ so gewählt, daß sie zulässig bezüglich $(\underline{x}_i = \underline{x}(t_i), t_i)$ sind. Überdies seien für i = 1,2,... Beziehungen der Form

$$\int_{t_i}^{\infty} F(\underline{x}, u_{i-1})dt = \int_{t_i}^{\infty} F(\underline{x}, u_i)dt + \varepsilon_i \quad (\varepsilon_i \geq 0) \tag{87}$$

erfüllt. Und zwar soll jede Steuerfunktion $u_i(t)$ vom Zeitpunkt t_i an möglichst zu einem kleineren, keineswegs aber zu einem größeren Wert des restlichen Güteintegrals führen als die bis zum Zeitpunkt t_i angewendete Steuerfunktion $u_{i-1}(t)$. Dann ist die zusammengesetzte Steuerfunktion u(t) zulässig bezüglich $(\underline{x}_o, t_o)$ und gemäß der Beziehung

$$\int_{t_o}^{\infty} F(\underline{x}, u_o)dt \geq \int_{t_o}^{\infty} F(\underline{x}, u)dt + \sum_{i=1}^{\infty} \varepsilon_i \tag{88}$$

besser als $u_o(t)$.

Zum Beweis dieses Lemmas ist zunächst zu bemerken, daß die Steuerfunktion u(t) zu einer eindeutig bestimmten stetigen Trajektorie $\underline{x}(t)$ führt und die Eigenschaften (Z2) und (Z3) besitzt, denn aufgrund der Konstruktion (86) sind diese Eigenschaften in jedem Intervall $[t_i, t_{i+1}]$ erfüllt. Der Wert des zugehörigen Güteintegrals ist mit der Abkürzung

$$\Delta_i = \int_{t_i}^{t_{i+1}} F(\underline{x}, u_i)\,dt \tag{89}$$

durch

$$\int_{t_o}^{\infty} F(\underline{x}, u)\,dt = \lim_{N\to\infty} \sum_{i=0}^{N} \Delta_i \tag{90}$$

definiert. Durch wiederholte Anwendung von Gl.(87) ergibt sich die Beziehung

$$\int_{t_o}^{\infty} F(\underline{x}, u_o)\,dt = \sum_{i=0}^{N} \Delta_i + \int_{t_{N+1}}^{\infty} F(\underline{x}, u_N) + \sum_{i=1}^{N} \varepsilon_i \quad , \tag{91}$$

aus der die Existenz und Endlichkeit des Grenzwertes (90) sowie für $N \to \infty$ die Gültigkeit von Gl.(88) resultieren.

Zu zeigen ist noch, daß die Trajektorie $\underline{x}(t)$ mit $t \to \infty$ in den Ursprung läuft. Aufgrund der Eigenschaft (83) ist die Summe aller Zeitintervalle, während der $|\underline{x}(t)| > R > 0$ gilt, endlich, da anderenfalls der Wert des Güteintegrals (90) nicht endlich wäre. Dasselbe gilt, wenn man R durch R/2 ersetzt. Auf jeden Zeitpunkt t_j, für den $|\underline{x}(t_j)| > R$ gilt, folgt daher ein Zeitpunkt t_j', für den $|\underline{x}(t_j')| = R/2$ gilt. Das Zeitintervall $[t_j, t_j']$ besitzt eine endliche Mindestlänge $\tau(R)$, da die Geschwindigkeit $|\dot{\underline{x}}|$ aufgrund der Systemgleichung (1) stetig von $\underline{x}$ und u abhängt und daher für $R/2 \leq |\underline{x}| \leq R$ und $|u| \leq u_o$ einen endlichen Maximalwert annimmt. Die Annahme, daß zu jedem Zeitpunkt t_k ein Wert $t_k' > t_k$ existiert, für den $|\underline{x}(t_k')| > R$ gilt, führt daher im Widerspruch zur obigen Feststellung zu dem Ergebnis, daß die Zeit, während der $|\underline{x}| > R/2$ gilt, sich aus beliebig vielen Beiträgen von der Mindestgröße $\tau(R)$ zusammensetzt und damit über alle Grenzen wächst. Somit ist gezeigt, daß zu jedem (beliebig kleinen) Wert $R > 0$ ein Zeitpunkt t_R

existiert, von dem an stets $|\underline{x}(t)| < R$ gilt. Das bedeutet aber, daß $|\underline{x}(t)|$ für $t \to \infty$ gegen 0 strebt.

In den folgenden Abschnitten wird das zugrundeliegende Güteintegral (80) i.a. auf quadratische Güteintegrale der Form

$$J(\underline{x}_o,u(t)) = \int_{t_o}^{\infty} \underline{x}^T \underline{Q}\, \underline{x}\, dt \tag{92}$$

mit positiv definiten reellen symmetrischen Matrizen $\underline{Q}$ spezialisiert. Bekanntlich sind die Eigenwerte für solche Matrizen $\underline{Q}$ sämtlich positiv reell und es gilt für alle $\underline{x}$ die Bezeichnung

$$\underline{x}^T \underline{Q}\, \underline{x} \geq \lambda_{min}(\underline{Q}) \cdot |\underline{x}|^2 \quad , \tag{93}$$

in der $\lambda_{min}(\underline{Q})$ für den kleinsten der Eigenwerte von $\underline{Q}$ steht. Aufgrund dieser Abschätzung ist klar, daß für derartige Güteintegrale die Eigenschaften (81),(82) und (83) gelten, die Voraussetzung für den Beweis von Lemma 3 sind.

16. Spezifizierung einer Klasse von zulässigen Steuerfunktionen

Für die Anwendung des soeben hergeleiteten Syntheselemmas kommt es darauf an, zu jedem Punkt $\underline{x}$ des Zustandsraumes eine Klasse von zulässigen Steuerfunktionen zu spezifizieren, für die sich der zugehörige Wert des Güteintegrals explizit angeben läßt.

Hinzu soll im folgenden von Steuerfunktionen u(t) ausgegangen werden, die sich ergeben, wenn in die Systemgleichung (1) ein lineares Steuergesetz

$$u(t) = -\underline{k}^T\, \underline{x}(t) \tag{94}$$

eingesetzt wird. In diesem Fall existiert zu jedem Anfangspunkt $\underline{x}_o$ und jeder Anfangszeit t_o eine eindeutig bestimmte stetige Trajektorie $\underline{x}(t)$, die der linearen Systemgleichung

$$\dot{\underline{x}} = (\underline{A}-\underline{b}\, \underline{k}^T)\underline{x} = \hat{\underline{A}}\, \underline{x} \tag{95}$$

genügt und deren Verlauf nur von $\underline{x}_o$, nicht aber von t_o abhängig ist.

Wenn ein spezieller Vektor $\underline{k}$ zu einem System (95) führt, in dem die Trajektorie, die in $\underline{x}_o$ startet, bzw. die zugehörige Steuerfunktion den Zulässigkeitsbedingungen (Z1) bis (Z4) genügt, so soll zur Abkürzung davon gesprochen werden, daß *der Vektor* $\underline{k}$ bezüglich $\underline{x}_o$ diesen Bedingungen genügt, oder noch kürzer, daß $\underline{k}$ bezüglich $\underline{x}_o$ zulässig ist.

In den nächsten Abschnitten werden Klassen von Vektoren $\underline{k}$ spezifiziert, die bezüglich eines beliebig vorgegebenen Punktes $\underline{x}_o$ den Bedingungen (Z1), (Z2) und (Z3) genügen. Anschließend wird gezeigt, daß bei Zugrundelegung eines quadratischen Güteintegrals (92) auch die Bedingung (Z4) erfüllt und der Wert dieses Güteintegrals explizit berechenbar ist. Damit sind die Voraussetzungen für die Anwendung des Syntheselemmas gegeben.

16.1 Parameterdarstellung aller Vektoren $\underline{k}$, die zu einer stabilen Matrix $\hat{\underline{A}}$ führen

Wird der Vektor $\underline{k}$ speziell so gewählt, daß die durch Gl.(95) definierte Matrix $\hat{\underline{A}}$ stabil ist, so läuft jede Trajektorie $\underline{x}(t)$ dieses Systems asymptotisch in den Ursprung ein. Die Zulässigkeitsbedingung (Z1) ist dann für jeden Punkt $\underline{x}_o$ erfüllt.

Es wird jetzt gezeigt, daß sich für die Menge aller Vektoren $\underline{k}$, die zu einer stabilen Matrix $\hat{\underline{A}}$ führen, eine Parameterdarstellung

$$\underline{k} = \begin{bmatrix} k_1(h_1, h_2, \ldots, h_n) \\ k_2(h_1, h_2, \ldots, h_n) \\ \cdot \\ \cdot \\ \cdot \\ k_n(h_1, h_2, \ldots, h_n) \end{bmatrix} \tag{96}$$

angeben läßt, in der die Parameter $h_1, h_2, \ldots, h_n$ beliebige von Null verschiedene reelle Werte annehmen dürfen.

Nach Abschnitt 2 kann für ein vollständig steuerbares System (1), das hier vorausgesetzt wurde, ohne Beschränkung der Allgemeinheit angenommen werden, daß es in der Steuerungs-Normalform (12) vorliegt. Die Matrix des Systems (95) besitzt in diesem Fall die Gestalt

$$\underline{\hat{A}} = \begin{bmatrix} 0 & 1 & 0 & \cdot & \cdot & \cdot & 0 \\ \cdot & 0 & 1 & & \cdot & & 0 \\ \cdot & \cdot & \cdot & & \cdot & & \cdot \\ \cdot & \cdot & \cdot & & \cdot & & \cdot \\ & & & & & & 1 \\ -\alpha_o-k_1 & -\alpha_1-k_2 & -\alpha_2-k_3 & \cdot & \cdot & \cdot & -\alpha_{n-1}-k_n \end{bmatrix}, \quad (97)$$

in der die reellen Elemente α_i durch die ursprüngliche Systemmatrix $\underline{A}$ und die reellen Elemente k_i als Komponenten des Vektors $\underline{k}$ bestimmt sind. Aus Abschnitt 2 geht ferner hervor, daß das charakteristische Polynom dieser Matrix $\underline{\hat{A}}$ durch

$$\Delta(s) = s^n + (\alpha_{n-1} + k_n)\, s^{n-1} + \ldots + (\alpha_o + k_1) \quad (98)$$

gegeben ist. Dieses Polynom besitzt reelle Koeffizienten $(\alpha_{i-1} + k_i)$ und daher reelle oder paarweise konjugiert komplexe Nullstellen $\lambda_1, \lambda_2, \ldots, \lambda_n$. Sie stellen die Eigenwerte der Matrix $\underline{\hat{A}}$ dar. Aus der Darstellung

$$\Delta(s) = (s - \lambda_1)(s - \lambda_2) \ldots (s - \lambda_n) \quad (99)$$

geht hervor, daß die Polynomkoeffizienten $\alpha_{i-1} + k_i$ und damit die interessierenden Vektorkomponenten k_i durch die Eigenwerte λ_i eindeutig bestimmt und auf einfache Weise aus ihnen berechenbar sind. Faßt man in der Darstellung (99) jeweils zwei konjugiert komplexe bzw. reelle Linearfaktoren zu einem quadratischen Term

$$s^2 - (\lambda_i + \lambda_j)s + \lambda_i\lambda_j \quad (100)$$

zusammen, so sind die Koeffizienten $-(\lambda_i + \lambda_j)$ und $\lambda_i\lambda_j$ jedes solchen Terms stets reell und ersichtlich genau dann positiv, wenn die Realteile von λ_i und λ_j negativ sind. Man kann daher jedes Polynom $\Delta(s)$, das nur reelle oder konjugiert komplexe Nullstellen mit negativen Realteilen besitzt, je nachdem, ob n geradzahlig oder ungerade ist, in einer der beiden Formen

$$\begin{aligned} \Delta(s) &= (s^2+h_1^2 s+h_2^2)\cdot(s^2+h_3^2 s+h_4^2)\cdots(s^2+h_{n-1}^2 s+h_n^2) \\ \Delta(s) &= (s^2+h_1^2 s+h_2^2)\cdot(s^2+h_3^2 s+h_4^2)\cdots(s+h_n^2) \end{aligned} \quad (101)$$

schreiben, wobei alle Parameter h_i reell und von Null verschieden sind. Umgekehrt führt jede derartige Wahl der Parameter h_i zu einem Polynom $\Delta(s)$, das nur reelle oder konjugiert komplexe Nullstellen mit negativen Realteilen besitzt. Die Menge aller Parametersätze $(h_1, h_2, \ldots, h_n)$ mit nichtverschwindenden reellen Werten h_i liefert daher die Menge aller reellwertigen Vektoren $\underline{k}$, die auf eine stabile Matrix $\hat{\underline{A}}$ führen. Die gesuchte Parameterdarstellung (96) ergibt sich somit durch Ausmultiplikation von Gl.(101) und Koeffizientenvergleich mit Gl. (98).

16.2 Schranken für den Maximalbetrag der Steuergröße

Um festzustellen, ob ein Vektor $\underline{k}$ bezüglich eines Punktes $\underline{x}_o$ die Zulässigkeitseigenschaft (Z2) erfüllt oder nicht, ist zu prüfen, ob der für die Steuergröße zugelassene Höchstbetrag u_o entlang der Trajektorie $\underline{x}(t)$ des Systems (95), die in $\underline{x}_o$ startet, überschritten wird oder nicht. Diese Frage könnte leicht mit Hilfe einer expliziten Beziehung entschieden werden, aus der sich der Maximalbetrag, den die Steuergröße auf dieser Trajektorie annimmt, als unmittelbare Funktion von $\underline{x}_o$ und $\underline{k}$ ergibt. Eine derartige Beziehung ist jedoch bisher nicht bekannt. Stattdessen werden im vorliegenden Abschnitt zwei explizite Schranken $S_{T_o}(\underline{x}_o, \underline{k})$ und $S(\underline{x}_o, \underline{k})$ hergeleitet, mit denen sich der Maximalbetrag der Steuergröße $u(t)$ nach oben abschätzen läßt. Und zwar wird gezeigt, daß längs der Trajektorie $\underline{x}(t)$, die in $\underline{x}_o = \underline{x}(t_o)$ startet, für alle $t \geq t_o$ die Abschätzung

$$|u(t)| \leq S(\underline{x}_o, \underline{k}) \leq S_{T_o}(\underline{x}_o, \underline{k}) \qquad (102)$$

gilt. Wenn dann für einen Vektor $\underline{k}$ die Ungleichung

$$S(\underline{x}_o, \underline{k}) \leq u_o \qquad (103)$$

gilt, oder wenn die Beziehung

$$S_{T_o}(\underline{x}_o, \underline{k}) \leq u_o \qquad (104)$$

erfüllt ist (die sich als numerisch einfacher herausstellt), dann ist gesichert, daß der Vektor $\underline{k}$ bezüglich $\underline{x}_o$ die Zulässigkeitseigenschaft (Z2) erfüllt. Da die genannten Schranken i.a. nicht mit dem Maximalbetrag von $u(t)$ identisch sind, kann umgekehrt aber der Fall eintreten, daß für einen Vektor $\underline{k}$, der die Eigenschaft (Z2) besitzt, keine der beiden Ungleichungen (103) oder (104) gilt. Derartige Fälle sind natürlich im Hinblick auf die beabsichtigte Spezifizierung einer möglichst großen Klasse von zulässigen Vektoren $\underline{k}$ nicht erwünscht. Sie treten aber umso seltener ein, je "besser" die verwendeten Schranken, d.h. je geringer deren Abweichungen vom tatsächlichen Maximalbetrag von u(t) sind.

Für die Herleitung von brauchbaren Schranken soll zunächst von der Annahme ausgegangen werden, daß der Betrag des Zustandsvektors längs der gesamten Trajektorie, die in $\underline{x}_o = \underline{x}(t_o)$ startet, monoton abnimmt. Das bedeutet, daß in diesem Fall für alle Zeitpunkte $t \geq t_o$ die Ungleichungen

$$\frac{d}{dt}\,|\underline{x}(t)| < 0 \tag{105}$$

und insbesondere

$$|\underline{x}(t)| \leq |\underline{x}(t_o)| = |\underline{x}_o| \tag{106}$$

gültig sind. Mit Hilfe der CAUCHY-SCHWARZschen Ungleichung

$$|\underline{x}^T\underline{y}| \leq |\underline{x}|\cdot|\underline{y}| \quad , \tag{107}$$

die für beliebige Vektoren $\underline{x}$ und $\underline{y}$ gilt, und aus der Beziehung (106) ergibt sich dann die Abschätzung

$$|u(t)| = |\underline{k}^T\underline{x}(t)| \leq |\underline{k}|\cdot|\underline{x}(t)| \leq |\underline{k}|\cdot|\underline{x}_o| \quad . \tag{108}$$

Sie zeigt, daß in diesem Fall der Ausdruck $|\underline{k}|\cdot|\underline{x}_o|$ für alle $t \geq t_o$ eine obere Schranke für den Betrag von u(t) darstellt.

Die Voraussetzung, daß der Betrag des Zustandsvektors $\underline{x}(t)$ monoton abnimmt, ist natürlich i.a. nicht erfüllt. Es genügt aber, wenn dies für irgendeine Trajektorie $\tilde{\underline{x}}(t)$ gilt, die aus $\underline{x}(t)$ durch eine nichtsinguläre Transformation

$$\underline{x}(t) = \underline{T}\,\tilde{\underline{x}}(t) \tag{109}$$

hervorgeht. Wenn nämlich für alle $t \geq t_o$

$$\frac{d}{dt}|\tilde{\underline{x}}(t)| = \frac{d}{dt}|\underline{T}^{-1}\underline{x}(t)| < 0 \tag{110}$$

gilt, so ergibt sich aufgrund der Identität

$$\underline{k}^T\underline{x}(t) = \underline{k}^T\underline{T}\ \underline{T}^{-1}\underline{x}(t) \tag{111}$$

analog zu Gl.(108) die Abschätzung

$$|u(t)| = |\underline{k}^T\underline{T}\ \underline{T}^{-1}\underline{x}(t)| \leq |\underline{k}^T\underline{T}|\cdot|\underline{T}^{-1}\underline{x}(t)| \leq |\underline{k}^T\underline{T}|\cdot|\underline{T}^{-1}\underline{x}_o| \tag{112}$$

Jede derartige (auch komplexwertige) Matrix $\underline{T}$, mit der für alle $t \geq t_o$ die Ungleichung (110) gilt, liefert daher den Ausdruck

$$S_T(\underline{x}_o,\underline{k}) = |\underline{k}^T\underline{T}|\cdot|\underline{T}^{-1}\underline{x}_o| = \sqrt{\underline{k}^T\underline{T}\ \underline{T}^*\underline{k}\ \cdot\ \underline{x}_o^T\underline{T}^{-1*}\underline{T}^{-1}\underline{x}_o} \tag{113}$$

als obere Schranke für den Maximalbetrag von u(t). Darin bezeichnet $\underline{T}^*$ die konjugiert transponierte Matrix zu $\underline{T}$ und entsprechend ist $\underline{T}^{-1*}$ definiert.

Die Bedingung (110) ist mit der Forderung gleichwertig, daß das Betragsquadrat von $\underline{\tilde{x}}(t)$ monoton abnimmt, d.h. daß für alle $t \geq t_o$ die Ungleichung

$$\frac{d}{dt}(\underline{\tilde{x}}^*(t)\underline{\tilde{x}}(t)) < 0 \tag{114}$$

gilt. Wird darin die Differentiation ausgeführt und $\dot{\underline{\tilde{x}}}$ aufgrund der Systemgleichung (95) und der Transformation (109) durch den Ausdruck

$$\dot{\underline{\tilde{x}}} = \underline{T}^{-1}\underline{\hat{A}}\ \underline{T}\ \underline{\tilde{x}} \tag{115}$$

ersetzt, so ergibt sich aus Gl.(114) die Bedingung

$$\underline{\tilde{x}}^*(t)(\underline{T}^*\underline{\hat{A}}^T\underline{T}^{-1*} + \underline{T}^{-1}\underline{\hat{A}}\ \underline{T})\underline{\tilde{x}}(t) < 0 \quad . \tag{116}$$

Sie ist genau dann für beliebige Vektoren $\underline{\tilde{x}}$ (und dann auch speziell für alle $t \geq t_o$) erfüllt, wenn die Matrix

$$\underline{P} = -(\underline{T}^*\underline{\hat{A}}^T\underline{T}^{-1*} + \underline{T}^{-1}\underline{\hat{A}}\ \underline{T}) \tag{117}$$

positiv definit ist.

Im folgenden wird von der Menge aller Vektoren $\underline{k}$ ausgegangen, die zu einer stabilen Matrix $\underline{\hat{A}}$ führen (Abschn. 16.1). Bis auf weiteres wird aber die Einschränkung gemacht, daß darunter nur solche Vektoren $\underline{k}$ betrachtet werden, für die die Eigenwerte $\lambda_1, \lambda_2, \ldots, \lambda_n$ der zugehörigen Matrix $\hat{\underline{A}}$ jeweils *paarweise voneinander verschieden* sind, d.h. für die

$$\lambda_i \neq \lambda_k \quad \text{für alle } i \neq k \tag{118}$$

gilt. Im folgenden werden zu derartigen Matrizen $\hat{\underline{A}}$ nichtsinguläre Matrizen $\underline{T}$ konstruiert, die zu einer positiv definiten Matrix $\underline{P}$ und damit aufgrund von Gl.(113) zu einer Schranke $S_T(\underline{x}_o, \underline{k})$ für den Maximalbetrag von u(t) führen.

Aus der Matrizenalgebra ist bekannt, daß sich jede Matrix $\hat{\underline{A}}$, die paarweise voneinander verschiedene Eigenwerte besitzt, stets mit Hilfe einer geeigneten nichtsingulären Matrix $\underline{T}$ entsprechend der Beziehung

$$\underline{T}^{-1}\hat{\underline{A}}\,\underline{T} = \begin{bmatrix} \lambda_1 & & & & & \\ & \lambda_2 & & & & \\ & & \cdot & & & \\ & & & \cdot & & \\ & & & & \cdot & \\ & & & & & \lambda_n \end{bmatrix} = \underline{\Lambda} \tag{119}$$

in eine Diagonalmatrix $\underline{\Lambda}$ überführen läßt. Dabei sind die Diagonalelemente von $\underline{\Lambda}$ identisch mit den Eigenwerten $\lambda_1, \lambda_2, \ldots, \lambda_n$ von $\hat{\underline{A}}$. Mit einer derartigen Matrix $\underline{T}$ ergibt sich aus Gl.(117) für $\underline{P}$ die Diagonalmatrix

$$\underline{P} = -(\underline{\Lambda}^* + \underline{\Lambda}) \quad . \tag{120}$$

Sie ist positiv definit, denn sie enthält in ihrer Diagonalen die Elemente $-2\mathrm{Re}(\lambda_i)$, die wegen der Stabilität von $\hat{\underline{A}}$ positiv sind. Damit ist zunächst gesichert, daß überhaupt eine der gesuchten Matrizen $\underline{T}$ existiert. Für den hier vorliegenden Fall, daß $\hat{\underline{A}}$ die Gestalt einer Begleitmatrix (97) besitzt, ist bekannt, daß die Transformation (119) durch die VANDERMONDEsche Matrix

$$\underline{T}_o = \begin{bmatrix} 1 & 1 & .. & 1 \\ \lambda_1 & \lambda_2 & & \lambda_n \\ \lambda_1^2 & \lambda_2^2 & & \lambda_n^2 \\ . & . & & . \\ . & . & & . \\ . & . & & . \\ \lambda_1^{n-1} & \lambda_2^{n-1} & .. & \lambda_n^{n-1} \end{bmatrix} \tag{121}$$

geleistet wird, die aus den Eigenwerten $\lambda_1, \lambda_2, \ldots, \lambda_n$ von $\hat{\underline{A}}$ aufgebaut ist und für paarweise voneinander und von Null verschiedene Eigenwerte nichtsingulär ist [11]. Wird daher diese Matrix $\underline{T}_o$ in die Beziehung (113) eingesetzt, so ergibt sich die explizit berechenbare obere Schranke

$$S_{T_o}(\underline{x}_o, \underline{k}) = \sqrt{\underline{k}^T \underline{T}_o \underline{T}_o^* \underline{k} \cdot \underline{x}_o^T \underline{T}_o^{-1*} \underline{T}_o^{-1} \underline{x}_o} \quad , \tag{122}$$

für den Maximalbetrag von u(t).

Die VANDERMONDEsche Matrix ist aber nicht die einzige Matrix, die $\hat{\underline{A}}$ auf Diagonalgestalt transformiert, sondern neben $\underline{T}_o$ sind es genau alle Matrizen $\underline{T}$, die in der Form

$$\underline{T} = \underline{T}_o \underline{D} \tag{123}$$

darstellbar sind, in der $\underline{D}$ eine mit $\underline{\Lambda}$ vertauschbare nichtsinguläre Matrix ist [12]. Einerseits gilt nämlich für eine solche Matrix $\underline{T}$ die Beziehung

$$\underline{T}^{-1} \hat{\underline{A}}\, \underline{T} = \underline{D}^{-1} \underline{T}_o^{-1} \hat{\underline{A}}\, \underline{T}_o\, \underline{D} = \underline{D}^{-1} \underline{\Lambda}\, \underline{D} = \underline{D}^{-1} \underline{D}\, \underline{\Lambda} = \underline{\Lambda} \quad . \tag{124}$$

Leistet umgekehrt eine Matrix $\underline{T}_1$ die Transformation

$$\underline{T}_1^{-1} \hat{\underline{A}}\, \underline{T}_1 = \underline{\Lambda} \quad , \tag{125}$$

so ist die Matrix $\underline{D}_1$, die aus der Darstellung

$$\underline{T}_1 = \underline{T}_o (\underline{T}_o^{-1} \underline{T}_1) = \underline{T}_o\, \underline{D}_1 \tag{126}$$

resultiert, mit $\underline{\Lambda}$ vertauschbar, wie sich aus der Gleichung

$$\underline{\Lambda} = \underline{T}_1^{-1}\hat{\underline{A}}\ \underline{T}_1 = \underline{D}_1^{-1}\underline{T}_o^{-1}\hat{\underline{A}}\ \underline{T}_o\ \underline{D}_1 = \underline{D}_1^{-1}\underline{\Lambda}\ \underline{D}_1 \tag{127}$$

durch Multiplikation von links mit $\underline{D}_1$ ergibt.

Die mit $\underline{\Lambda}$ vertauschbaren nichtsingulären Matrizen $\underline{D}$ sehen folgendermaßen aus: Für eine Matrix $\underline{D}$ mit Diagonalgestalt ist klar, daß sie mit der Diagonalmatrix $\underline{\Lambda}$ vertauschbar ist. Gilt umgekehrt für eine Matrix $\underline{D}$ die Beziehung

$$\underline{\Lambda}\ \underline{D} = \underline{D}\ \underline{\Lambda}\quad , \tag{128}$$

so bedeutet dies, daß für die Komponenten d_{ik} von $\underline{D}$ die Gleichungen

$$\lambda_i\ d_{ik} = \lambda_k\ d_{ik} \tag{129}$$

gültig sind. Da die Elemente $\lambda_1, \lambda_2, \ldots, \lambda_n$ als Eigenwerte von $\hat{\underline{A}}$ nach Voraussetzung paarweise voneinander und von Null verschieden sind, lassen sich diese Gleichungen für $i \neq k$ nur erfüllen, wenn die Nichtdiagonalelemente d_{ik} der Matrix $\underline{D}$ verschwinden, d.h. wenn $\underline{D}$ Diagonalgestalt besitzt. Die Diagonalelemente d_{ii} von $\underline{D}$ sind sämtlich von Null verschieden, da die Matrix $\underline{D}$ anderenfalls singulär wäre. Zur Abkürzung wird im folgenden für diese Diagonalelemente einfach

$$d_i = d_{ii} \tag{130}$$

gesetzt.

Damit ist die Menge aller Matrizen $\underline{T}$ bekannt, die $\hat{\underline{A}}$ auf Diagonalgestalt transformieren, und zwar ist sie durch die Darstellung (123) gegeben, in der für $\underline{D}$ beliebige Diagonalmatrizen

$$\underline{D} = \begin{bmatrix} d_1 & & & & \\ & d_2 & & & \\ & & \cdot & & \\ & & & \cdot & \\ & & & & \cdot \\ & & & & & d_n \end{bmatrix} \tag{131}$$

mit nichtverschwindenden reellen oder komplexen Diagonalelementen zugelassen sind. Jede solche Diagonalmatrix $\underline{D}$ liefert aufgrund von Gl. (113) eine obere Schranke für den Maximalbetrag von u(t), die durch die Beziehung

$$S_{\underline{T}_o \underline{D}}(\underline{x}_o,\underline{k}) = |\underline{k}^T \underline{T}_o \; \underline{D}| \cdot |\underline{D}^{-1}\underline{T}_o^{-1}\underline{x}_o|$$

$$= \sqrt{\underline{k}^T \underline{T}_o \; \underline{D} \; \underline{D}^* \underline{T}_o^* \underline{k} \cdot \underline{x}_o^T \underline{T}_o^{-1*} \underline{D}^{-1*} \underline{D}^{-1} \underline{T}_o^{-1} \underline{x}_o} \tag{132}$$

gegeben ist.

Um eine möglichst gute, d.h. niedrige Schranke zu erhalten, ist es jetzt das Ziel, die untere Grenze

$$S(\underline{x}_o,\underline{k}) = \underset{\underline{D}}{\text{infimum}}(S_{\underline{T}_o \underline{D}}(\underline{x}_o,\underline{k})) \tag{133}$$

aller Werte zu bestimmen, die der Ausdruck (132) für beliebige nichtsinguläre Diagonalmatrizen $\underline{D}$ annehmen kann. Dabei genügt es, sich auf reelle Diagonalmatrizen $\underline{D}$ mit *positiven* Diagonalelementen $d_1, d_2, \ldots, d_n$ zu beschränken. Die Matrix $\underline{D}$ geht nämlich in den Ausdruck (132) nur als Produkt $\underline{D}\;\underline{D}^*$ ein, dessen Wert sich nicht ändert, wenn man die Elemente der Diagonalmatrix $\underline{D}$ durch ihre Beträge ersetzt.

Für die explizite Bestimmung der unteren Grenze (133) ist es nützlich, zu einem komplexwertigen Vektor

$$\underline{z} = \begin{bmatrix} z_1 \\ z_2 \\ \cdot \\ \cdot \\ \cdot \\ z_n \end{bmatrix} \tag{134}$$

den Vektor

$$[\underline{z}]_B = \begin{bmatrix} |z_1| \\ |z_2| \\ \cdot \\ \cdot \\ \cdot \\ |z_n| \end{bmatrix} \tag{135}$$

einzuführen, der aus den Beträgen der Komponenten von $\underline{z}$ aufgebaut ist. Man kann sich leicht davon überzeugen, daß für beliebige komplexwertige

Vektoren $\underline{z}$ und jede Diagonalmatrix $\underline{D}$ mit positiven Diagonalelementen die Identitäten

$$|\underline{z}| = |[\underline{z}]_B| \quad (136)$$

$$|\underline{z}^T\underline{D}| = |[\underline{z}^T\underline{D}]_B| = |[\underline{z}^T]_B\underline{D}| \quad (137)$$

$$|\underline{D}^{-1}\underline{z}| = |[\underline{D}^{-1}\underline{z}]_B| = |\underline{D}^{-1}[\underline{z}]_B| \quad (138)$$

gültig sind. Werden diese Beziehungen zur Umformung von Gl. (132) ausgenutzt, so ergibt sich

$$S_{T_oD}(\underline{x}_o,\underline{k}) = |[\underline{k}^T\underline{T}_o]_B\ \underline{D}|\cdot|\underline{D}^{-1}[\underline{T}_o^{-1}\underline{x}_o]_B| \quad . \quad (139)$$

Die rechte Seite dieser Gleichung läßt sich mit Hilfe der CAUCHY-SCHWARZschen Ungleichung (107) nach unten abschätzen, und zwar gilt

$$|[\underline{k}^T\underline{T}_o]_B\ \underline{D}|\cdot|\underline{D}^{-1}[\underline{T}_o^{-1}\underline{x}_o]_B| \geq |[\underline{k}^T\underline{T}_o]_B\cdot[\underline{T}_o^{-1}\underline{x}_o]_B| \quad (140)$$

Damit ist die von $\underline{D}$ nicht abhängige Größe

$$\bar{S} = |[\underline{k}^T\underline{T}_o]_B\cdot[\underline{T}_o^{-1}\underline{x}_o]_B| = [\underline{k}^T\underline{T}_o]_B\cdot[\underline{T}_o^{-1}\underline{x}_o]_B \quad (141)$$

im Sinne der Ungleichung

$$\bar{S} \leq S_{T_oD}(\underline{x}_o,\underline{k}) \quad (142)$$

eine untere Schranke für alle Werte, die der Ausdruck $S_{T_oD}(\underline{x}_o,\underline{k})$ für beliebige Diagonalmatrizen $\underline{D}$ mit positiven Diagonalelementen annehmen kann. Darüberhinaus wird jetzt gezeigt, daß $\bar{S}$ die untere Grenze dieser Werte darstellt und daher mit der gesuchten Größe $S(\underline{x}_o,\underline{k})$ identisch ist.

In der CAUCHY-SCHWARZschen Ungleichung gilt nämlich genau dann das Gleichheitszeichen, wenn einer der beiden beteiligten Vektoren ein Vielfaches des anderen ist. Daher tritt in der Beziehung (140) genau dann die Gleichheit ein, wenn sich eine Diagonalmatrix $\underline{D}$ mit positiven Diagonalelementen d_i finden läßt, die mit irgendeinem positiven Faktor μ die Gleichung

$$\underline{D}[\underline{T}_o^*\underline{k}]_B = \mu\underline{D}^{-1}[\underline{T}_o^{-1}\underline{x}_o]_B \quad (143)$$

erfüllt. Werden für die darin vorkommenden Vektoren die Komponentendarstellungen

$$[\underline{T}_o^* \underline{k}]_B = \begin{bmatrix} p_1 \\ p_2 \\ \cdot \\ \cdot \\ \cdot \\ p_n \end{bmatrix}, \quad [\underline{T}_o^{-1} \underline{x}_o]_B = \begin{bmatrix} q_1 \\ q_2 \\ \cdot \\ \cdot \\ \cdot \\ q_n \end{bmatrix} \tag{144}$$

eingeführt, so lautet Gl.(143) in Komponenten

$$d_i p_i = \mu \frac{1}{d_i} q_i \tag{145}$$

Die Größen p_i und q_i sind aufgrund der Definition (135) nichtnegativ. Wenn keine dieser Größen verschwindet, werden die Gln. (145) z.B. für $\mu = 1$ und

$$d_i = +\sqrt{\frac{q_i}{p_i}} \tag{146}$$

erfüllt. Für diese Wahl der Diagonalelemente von $\underline{D}$ tritt daher in Gl. (142) das Gleichheitszeichen ein, d.h., der Ausdruck $S_{T_o D}(\underline{x}_o, \underline{k})$ nimmt den Wert $\bar{S}$ als Minimum an. Das bedeutet, in diesem Fall stimmt die gesuchte untere Grenze (133) mit $\bar{S}$ überein, d.h. es gilt

$$S(\underline{x}_o, \underline{k}) = \underset{\underline{D}}{\text{infimum}} \, (S_{T_o D}(\underline{x}_o, \underline{k})) = \bar{S} \quad . \tag{147}$$

Wenn dagegen einige der Größen p_i und q_i den Wert Null haben, so lassen sich die Gleichungen (145) i.a. nicht alle mit positiven Werten d_i erfüllen, d.h., in diesem Fall tritt in der Beziehung (142) für keine Wahl von $\underline{D}$ die Gleichheit ein. Mit den Komponenten (144) nimmt die rechte Seite von Gl. (139) die Form

$$S_{T_o D}(\underline{x}_o, \underline{k}) = \sqrt{p_1^2 d_1^2 + p_2^2 d_2^2 + \ldots + p_n^2 d_n^2} \cdot \sqrt{q_1^2 \frac{1}{d_1^2} + q_2^2 \frac{1}{d_2^2} + \ldots + q_n^2 \frac{1}{d_n^2}} \tag{148}$$

an. Wird darin für die verschwindenden Komponenten p_i und q_i eine willkürlich gewählte positive Konstante ε eingesetzt, so entsteht ein Aus-

druck $S^{\varepsilon}_{T_o D}(\underline{x}_o,\underline{k})$, der offensichtlich für jede Wahl der positiven Größen d_i gegenüber $S_{T_o D}(\underline{x}_o,\underline{k})$ vergrößert ist, d.h., in Erweiterung von Gl. (142) gilt

$$\bar{S} \leq S_{T_o D}(\underline{x}_o,\underline{k}) \leq S^{\varepsilon}_{T_o D}(\underline{x}_o,\underline{k}) \quad . \tag{149}$$

Analog zur Minimumsbestimmung, die oben für den Fall nichtverschwindender Komponenten p_i und q_i durchgeführt wurde, ergibt sich nunmehr, daß auch der Ausdruck $S^{\varepsilon}_{T_o D}(\underline{x}_o,\underline{k})$ bezüglich aller Diagonalmatrizen $\underline{D}$ mit positiven Diagonalelementen d_i ein Minimum $\bar{S}_{\varepsilon}$ annimmt. Dieses entspricht der rechten Seite von Gl. (141) bzw. in Komponenten dem Ausdruck

$$\bar{S} = p_1 q_1 + p_2 q_2 + \dots + p_n q_n \tag{150}$$

bis auf den Unterschied, daß die verschwindenden Komponenten p_i und q_i durch den Wert ε ersetzt sind. Aus dieser Darstellung von $\bar{S}_{\varepsilon}$ ergibt sich unmittelbar, daß

$$\lim_{\varepsilon \to 0} \bar{S}_{\varepsilon} = \bar{S} \quad . \tag{151}$$

gilt. Da für die gesuchte untere Grenze $S(\underline{x}_o,\underline{k})$ von $S_{T_o D}(\underline{x}_o,\underline{k})$ aufgrund der Ungleichung (149) für jede Wahl von ε die Beziehung

$$\bar{S} \leq S(\underline{x}_o,\underline{k}) \leq \bar{S}_{\varepsilon} \tag{152}$$

erfüllt ist, ergibt sich aus Gl. (151), daß auch im vorliegenden Fall, wo einige der Größen p_i und q_i den Wert Null haben, die Beziehung (147) gilt.

Die in diesem Abschnitt hergeleiteten Ergebnisse lassen sich in dem folgenden Satz zusammenfassen:

Schrankensatz 1

Es sei $\underline{k}$ ein Vektor, der zu einer stabilen Matrix $\hat{\underline{A}} = \underline{A} - \underline{b}\,\underline{k}^T$ mit paarweise voneinander verschiedenen Eigenwerten führt, und $\underline{x}(t)$ sei die Trajektorie des Systems $\dot{\underline{x}} = \hat{\underline{A}}\,\underline{x}$, die in $\underline{x}_o = \underline{x}(t_o)$ startet. Die VANDERMONDEsche Matrix, die entsprechend Gl. (121) aus den Eigenwerten der Matrix $\hat{\underline{A}}$ gebildet ist, werde mit $\underline{T}_o$ bezeichnet. Dann ist der Betrag der Größe

$u(t) = -\underline{k}^T\underline{x}(t)$ aufgrund der Gln.(122),(147) und (141) für alle $t \geq t_o$ durch die Ausdrücke

$$S_{T_o}(\underline{x}_o,\underline{k}) = \sqrt{\underline{k}^T\underline{T}_o\underline{T}_o^{*}\underline{k} \cdot \underline{x}_o^T\underline{T}_o^{-1*}\underline{T}_o^{-1}\underline{x}_o} \tag{153}$$

und

$$S(\underline{x}_o,\underline{k}) = [\underline{k}^T\underline{T}_o]_B \cdot [\underline{T}_o^{-1}\underline{x}_o]_B \tag{154}$$

nach oben beschränkt, wobei der Index B im Sinne von Gl.(135) zu verstehen ist. Aus der obigen Herleitung ergibt sich weiterhin, daß $S(\underline{x}_o,\underline{k})$ gegenüber $S_{T_o}(\underline{x}_o,\underline{k})$ eine bessere Schranke darstellt, d.h., es gilt für alle $t \geq t_o$ die Ungleichung

$$|u(t)| \leq S(\underline{x}_o,\underline{k}) \leq S_{T_o}(\underline{x}_o,\underline{k}) \quad . \tag{155}$$

Die vorliegenden Schranken weisen übrigens die folgende *Monotonieeigenschaft* auf: Wenn unter den Voraussetzungen des Schrankensatzes die Punkte

$$\underline{x}_1 = \underline{x}(t_1) \qquad \underline{x}_2 = \underline{x}(t_2) \qquad t_2 > t_1 \tag{156}$$

zwei aufeinanderfolgende Punkte einer Trajektorie $\underline{x}(t)$ des Systems $\dot{\underline{x}} = \hat{\underline{A}}\,\underline{x}$ sind, so gilt

$$S_{T_o}(\underline{x}_2,\underline{k}) \leq S_{T_o}(\underline{x}_1,\underline{k}) \tag{157}$$

und entsprechend

$$S(\underline{x}_2,\underline{k}) \leq S(\underline{x}_1,\underline{k}) \tag{158}$$

Diese Eigenschaft ergibt sich daraus, daß die Herleitung der vorliegenden Schranken auf Gl.(110), d.h. auf der monotonen Abnahme der Länge des Zustandsvektors $\tilde{\underline{x}}(t)$ basiert.

Für die explizite Bestimmung der VANDERMONDEschen Matrix $\underline{T}_o$, die in die Schranken (153) und (154) eingeht und die durch Gl.(121) gegeben ist, werden die Eigenwerte der Matrix $\hat{\underline{A}} = \underline{A}-\underline{b}\,\underline{k}^T$ gebraucht. Sie ergeben sich für Vektoren $\underline{k}$, die man aus der Parameterdarstellung (96) gewinnt, als Nullstellen der quadratischen bzw. linearen Terme von Gl.(101). Damit ist gleichzeitig klar, auf welche Weise man die Parameter $h_1, h_2, \ldots, h_n$ leicht so einrichten kann, daß die Eigenwerte von $\hat{\underline{A}}$ entsprechend der Voraussetzung (118) paarweise voneinander verschieden sind.

Zur Bestimmung der Inversen von $\underline{T}_o$ kann im Prinzip die für beliebige nichtsinguläre Matrizen $\underline{T}_o$ gültige Beziehung

$$\underline{T}_o^{-1} = \frac{\mathrm{adj}(\underline{T}_o)}{\det(\underline{T}_o)} \tag{159}$$

verwendet werden, in der $\mathrm{adj}(\underline{T}_o)$ die zu $\underline{T}_o$ adjungierte Matrix und $\det(\underline{T}_o)$ der Wert der Determinante von $\underline{T}_o$ ist. (Diese Beziehung wurde z.B. in Gl.(10) benutzt.) Es sind aber für die VANDERMONDEsche Matrix $\underline{T}_o$ Formeln bekannt, mit deren Hilfe die Berechnung ihrer Inversen wesentlich einfacher ist [13], [14], [15].

16.3 Schranken für den Maximalbetrag einer Linearkombination der Zustandsgrößen

Um festzustellen, ob ein Vektor $\underline{k}$ bezüglich eines Punktes $\underline{x}_o$ die Zulässigkeitseigenschaft (Z3) erfüllt oder nicht, ist zu prüfen, ob der für die Größe

$$d(t) = \underline{w}^T \underline{x}(t) \tag{160}$$

zugelassene Höchstbetrag d_o längs der Trajektorie $\underline{x}(t)$ des Systems (95), die in $\underline{x}_o = \underline{x}(t_o)$ startet, überschritten wird oder nicht. Da die Größe $d(t)$ als Linearkombination der Zustandsgrößen der Steuergröße $u(t) = -\underline{k}^T \underline{x}(t)$ formal vollkommen entspricht, lassen sich hierzu explizite obere Schranken für den Maximalbetrag von $d(t)$ angeben, die auf die gleiche Weise wie die im vorigen Abschnitt hergeleiteten Schranken für den Maximalbetrag der Steuergröße gebildet sind. Wenn nämlich längs einer Trajektorie $\tilde{\underline{x}}(t)$, die durch eine nichtsinguläre Transformation $\underline{x} = \underline{T}\,\tilde{\underline{x}}$ aus $\underline{x}(t)$ hervorgeht, der Betrag des Zustandsvektors $\tilde{\underline{x}}(t)$ monoton abnimmt, dann ergibt sich analog zur Herleitung von Gl.(112), daß für alle $t \geq t_o$ die Abschätzung

$$|d(t)| = |\underline{w}^T \underline{T}\, \underline{T}^{-1} \underline{x}(t)| \leq |\underline{w}^T \underline{T}| \cdot |\underline{T}^{-1} \underline{x}(t)| \leq |\underline{w}^T \underline{T}| \cdot |\underline{T}^{-1} \underline{x}_o| \tag{161}$$

gilt. Diese Ungleichung stimmt mit der Beziehung (112) bis auf den Unterschied überein, daß für den Vektor $\underline{k}$ nunmehr der Vektor $\underline{w}$ und für u(t) die Größe d(t) erscheint. Wird daher in den Ausdrücken (153) und (154) der Vektor $\underline{k}$ durch $\underline{w}$ ersetzt, so ergeben sich die Schranken

$$S'_{T_o}(\underline{x}_o,\underline{k}) = \sqrt{\underline{w}^T \underline{T}_o \underline{T}_o^{*} \underline{w} \cdot \underline{x}_o^T \underline{T}_o^{-1*} \underline{T}_o^{-1} \underline{x}_o} \tag{162}$$

und

$$S'(\underline{x}_o,\underline{k}) = [\underline{w}^T \underline{T}_o]_B \cdot [\underline{T}_o^{-1} \underline{x}_o]_B \ , \tag{163}$$

mit denen für alle $t \geq t_o$ die Abschätzung

$$|d(t)| \leq S'(\underline{x}_o,\underline{k}) \leq S'_{T_o}(\underline{x}_o,\underline{k}) \tag{164}$$

gilt. Dabei ist zu beachten, daß diese Schranken - wie es sein muß - nach wie vor von $\underline{k}$ abhängig sind, da ja der Vektor $\underline{k}$ aufgrund von Gl. (95) in die Systemmatrix $\hat{\underline{A}}$ und damit in die VANDERMONDEsche Matrix $\underline{T}_o$ eingeht. Zwischen den hergeleiteten Schranken für die Maximalbeträge von u(t) und d(t) besteht also hinsichtlich der Rolle von $\underline{k}$ und $\underline{w}$ keine *völlige* Parallelität.

Hinsichtlich der Monotonieeigenschaft (157) bzw. (158) läßt sich leicht zeigen, daß sie in entsprechender Weise auch für die Schranken (162) und (163) gültig ist.

16.4 Existenz und Wert des quadratischen Güteintegrals

Es ist jetzt noch erforderlich, zu entscheiden, ob für einen Vektor $\underline{k}$ bezüglich eines Punktes $\underline{x}_o$ die Zulässigkeitseigenschaft (Z4) gilt oder nicht. Hierzu wird gezeigt, daß der Wert des quadratischen Güteintegrals (92) für jede beliebige Trajektorie $\underline{x}(t)$ des Systems (95) existiert und einen endlichen Wert besitzt, wenn die Systemmatrix $\hat{\underline{A}}$, auf die der Vektor $\underline{k}$ führt, stabil ist. Ferner wird angegeben, auf welche Weise sich der Wert dieses Güteintegrals explizit berechnen läßt (vergl. hierzu auch [16] und [17]).

Für das Güteintegral (92) soll im folgenden auch

$$J(\underline{x}(t_o),\underline{k}) = \int_{t_o}^{\infty} \underline{x}^T(t)\underline{Q}\,\underline{x}(t)dt \tag{165}$$

geschrieben werden, um zum Ausdruck zu bringen, daß es vom Trajektorienanfangspunkt $\underline{x}_o = \underline{x}(t_o)$ und vom Vektor $\underline{k}$ abhängig ist, der über das lineare Steuergesetz (94) in die Systemmatrix $\hat{\underline{A}}$ eingeht. Die Matrix $\underline{Q}$ im Integranden sei nach wie vor reell und symmetrisch, für die nachfolgende Argumentation aber *zunächst* nicht notwendig positiv definit.

Zum Beweis der Existenz und Endlichkeit dieses Integrals kann von Gl. (3) ausgegangen und $t_o = 0$ gesetzt werden. Dann ergibt sich

$$\underline{x}(t) = \underline{\phi}(t)\underline{x}(t_o) \quad , \tag{3}$$

wobei $\underline{\phi}(t)$ die durch Gl. (4) gegebene Transitionsmatrix darstellt. Als Rücktransformierte der Matrix $(s\underline{E} - \hat{\underline{A}})^{-1}$ besteht die Transitionsmatrix aus Elementen der Form

$$f(t) = \sum_{i=1}^{n} p_i(t)e^{\lambda_i t} \quad , \tag{166}$$

worin die Zeitfunktionen $p_i(t)$ Polynome in t und die Größen λ_i die Eigenwerte der Matrix $\hat{\underline{A}}$ sind. Wird daher in das Integral (165) die Darstellung (3) eingesetzt, so ergibt sich der Ausdruck

$$J(\underline{x}(t_o),\underline{k}) = \underline{x}^T(t_o)[\int_{t_o}^{\infty} \underline{\phi}^T(t)\underline{Q}\ \underline{\phi}(t)dt]\underline{x}(t_o) \quad , \tag{167}$$

in dem die Elemente der symmetrischen Produktmatrix $\underline{\phi}^T(t)\underline{Q}\ \underline{\phi}(t)$ Zeitfunktionen der Form

$$g(t) = \sum_{i=1}^{n} \sum_{j=1}^{n} q_{ij}(t)e^{(\lambda_i+\lambda_j)t} \tag{168}$$

mit Polynomen $q_{ij}(t)$ sind. Von derartigen Funktionen g(t) läßt sich leicht zeigen, daß sie zwischen den Grenzen t_o und ∞ integrierbar sind und einen endlichen Wert für das Integral liefern, wenn alle beteiligten Eigenwerte negative Realteile besitzen (wie es bei einer stabilen Matrix $\hat{\underline{A}}$ der Fall ist). Und zwar ergibt sich dies im wesentlichen daraus, daß sich jedes Polynom $q_{ij}(t)$ für alle hinreichend großen Zeitpunkte t durch die Ungleichung

$$|q_{ij}(t)| \leq e^{rt} \tag{169}$$

abschätzen läßt. Darin stellt r eine positive Konstante dar, die man beliebig klein wählen kann, insbesondere auch so, daß $r + \lambda_i + \lambda_j$ für alle i,j einen negativen Realteil besitzt. Mit der Integrabilität der Funktionen g(t) existiert auch das in Gl.(167) in eckigen Klammern eingeschlossene Integral, und zwar liefert es eine reelle symmetrische Matrix $\underline{R}_o$, deren Elemente endlich sind.

Damit ist zunächst gezeigt, daß das Integral (165) für alle Anfangspunkte $\underline{x}(t_o)$ existiert und einen endlichen Wert besitzt, der sich in der Form

$$J(\underline{x}(t_o),\underline{k}) = \underline{x}^T(t_o)\underline{R}_o\underline{x}(t_o) \tag{170}$$

mit jeweils der gleichen reellen symmetrischen Matrix $\underline{R}_o$ schreiben läßt. Diese Matrix $\underline{R}_o$ ist überdies in dem Sinne eindeutig bestimmt, daß keine andere reelle symmetrische Matrix $\underline{R}_o'$ existiert, die aufgrund von Gleichung (170) für alle Anfangswerte $\underline{x}(t_o)$ dieselben Werte $J(\underline{x}(t_o),\underline{k})$ wie $\underline{R}_o$ liefert. Wenn nämlich die Beziehung

$$\underline{x}^T\underline{R}_o\underline{x} = \underline{x}^T\underline{R}_o'\underline{x} \tag{171}$$

oder damit gleichwertig die Beziehung

$$\underline{x}^T(\underline{R}_o-\underline{R}_o')\underline{x} = 0 \tag{172}$$

für eine beliebige Wahl von $\underline{x}$ gilt, so kann man sich leicht davon überzeugen, daß dies nur möglich ist, wenn in der symmetrischen Matrix $(\underline{R}_o-\underline{R}_o')$ alle Elemente verschwinden, d.h. wenn

$$\underline{R}_o = \underline{R}_o' \tag{173}$$

gilt.

Es soll jetzt gezeigt werden, daß man diese Matrix $\underline{R}_o$ durch Auflösung der Matrizengleichung

$$\underline{\hat{A}}^T\underline{R} + \underline{R}\,\underline{\hat{A}} = -\underline{Q} \tag{174}$$

nach der symmetrisch angesetzten Matrix $\underline{R}$ bestimmen kann. Wird nämlich Gl.(165) nach t_o entlang der Trajektorie $\underline{x}(t)$ differenziert, so ergibt sich an der Stelle t_o der Wert

$$\frac{d}{dt_o} J(\underline{x}(t_o),\underline{k})\Big|_{t_o} = -\underline{x}^T(t_o)\underline{Q}\,\underline{x}(t_o) \quad , \tag{175}$$

während die Differentiation von Gl.(170) unter Benutzung der Systemgleichung (95) auf den Ausdruck

$$\frac{d}{dt_o} J(\underline{x}(t_o),\underline{k})\Big|_{t_o} = \underline{x}^T(t_o)(\hat{\underline{A}}^T\underline{R}_o+\underline{R}_o\hat{\underline{A}})\underline{x}(t_o) \tag{176}$$

führt. Aus der Gleichheit der beiden rechten Seiten dieser Beziehungen für beliebige Anfangswerte $\underline{x}(t_o)$ ergibt sich analog zur obigen Schlußweise zunächst, daß die Matrix $\underline{R}_o$ der Gleichung (174) genügt. Zu zeigen ist noch, daß diese Gleichung *genau eine* symmetrische Matrix $\underline{R}$ (und damit die gesuchte Matrix $\underline{R}_o$) als Lösung besitzt. Wird hierzu Gl.(174) in Komponenten dargestellt, so ergeben sich für die $n(n+1)/2$ unbekannten Elemente r_{ij} der symmetrischen Matrix $\underline{R}$ zunächst n^2 lineare Gleichungen, von denen wegen der Symmetrie von $\underline{R}$ und $\underline{Q}$ jedoch nur $n(n+1)/2$ voneinander verschieden sind. Es liegt daher ein lineares Gleichungssystem mit ebensoviel Gleichungen wie Unbekannten vor, das man in der Form

$$\underline{M}\,\underline{r} = \underline{q} \tag{177}$$

schreiben kann. Darin ist $\underline{r}$ der gesuchte Lösungsvektor, der als Komponenten die $n(n+1)/2$ unbekannten Elemente r_{ij}, $i \leq j$, der Matrix $\underline{R}$ besitzt, während der Vektor $\underline{q}$ aus den Elementen q_{ij}, $i \leq j$, der Matrix $\underline{Q}$ aufgebaut ist. Die zugehörige quadratische Systemmatrix $\underline{M}$ hängt nur von den Elementen der Matrix $\hat{\underline{A}}$ ab. Es wurde oben für stabile Systemmatrizen $\hat{\underline{A}}$ gezeigt, daß der Wert des Güteintegrals (165) bei *beliebiger* Wahl der symmetrischen Matrix $\underline{Q}$ durch Gl. (170) gegeben ist, wobei $\underline{R}_o$ der Beziehung (174) genügt. Das bedeutet, daß das lineare Gleichungssystem (177) bei fester Systemmatrix $\underline{M}$ für *jede* Wahl des Vektors $\underline{q}$ auf der rechten Seite eine Lösung besitzt. Aus der Theorie der linearen Gleichungen ist aber bekannt, daß ein Gleichungssystem der Form (177) genau dann eindeutig lösbar ist, wenn es universell, d.h. für beliebige rechte Seiten lösbar ist. Damit ist insgesamt gezeigt, daß sich die Matrix $\underline{R}_o$ (mit deren Hilfe sich der Wert des Güteintegrals aufgrund von Gl. (170) berechnen läßt) als eindeutige Lösung von Gl. (174) ergibt.

Aus diesem Beweis geht gleichzeitig hervor, daß die Matrizengleichung (174) bei einer stabilen Matrix $\underline{\hat{A}}$ und einer reellen symmetrischen Matrix $\underline{Q}$ stets eindeutig nach einer symmetrisch angesetzten reellen Matrix $\underline{R}_o$ auflösbar ist. Und zwar ist diese Matrix $\underline{R}_o$ bei einer *positiv definiten* Matrix $\underline{Q}$ positiv definit, da in diesem Fall der Wert des Integrals (165) für $\underline{x}(t_o) \neq \underline{O}$ stets positiv und aufgrund der obigen Herleitung durch Gl.(170) gegeben ist. Dieses letzte Ergebnis wurde bereits im Zusammenhang mit Gl. (75) ohne Beweis benutzt.

Bemerkenswert ist, daß die Berechnung des Güteintegrals (165) aufgrund der Gln.(170) und (174) unmittelbar mit Hilfe der Systemmatrix $\underline{\hat{A}}$ ohne Kenntnis ihrer Eigenwerte möglich ist. Andererseits sind diese Eigenwerte $\lambda_1, \lambda_2, \ldots, \lambda_n$ sowie die zugehörige VANDERMONDEsche Matrix $\underline{T}_o$ und deren Inverse $\underline{T}_o^{-1}$ im vorliegenden Zusammenhang aus den Abschnitten 16.1 und 16.2 bereits bekannt. In diesem Falle kann die interessierende Matrix $\underline{R}_o$ auch einfacher berechnet werden, und zwar aufgrund der Identität

$$\underline{R}_o = \underline{T}_o^{*-1}(\underline{T}_o^{*}\,\underline{R}_o\,\underline{T}_o)\underline{T}_o^{-1} \quad . \tag{178}$$

Wenn nämlich darin für die in Klammern eingeschlossene Matrix die Abkürzung

$$\underline{\tilde{R}}_o = (\underline{T}_o^{*}\,\underline{R}_o\,\underline{T}_o) \tag{179}$$

eingeführt wird, so ergibt sich zunächst

$$\underline{R}_o = \underline{T}_o^{*-1}\underline{\tilde{R}}_o\,\underline{T}_o^{-1} \quad , \tag{180}$$

und wenn dieser Ausdruck in Gl.(174) eingesetzt wird, resultiert die Beziehung

$$\underline{\hat{A}}^T\underline{T}_o^{*-1}\underline{\tilde{R}}_o\underline{T}_o^{-1} + \underline{T}_o^{*-1}\underline{\tilde{R}}_o\underline{T}_o^{-1}\underline{\hat{A}} = -\underline{Q} \quad . \tag{181}$$

Wird diese Gleichung von links mit $\underline{T}_o^{*}$ und von rechts mit $\underline{T}_o$ multipliziert und wird ausgenutzt, daß $\underline{T}_o$ die Matrix $\underline{\hat{A}}$ entsprechend Gl. (119) auf Diagonalgestalt $\underline{\Lambda}$ transformiert, so ergibt sich die Beziehung

$$\underline{\Lambda}^{*}\underline{\tilde{R}}_o + \underline{\tilde{R}}_o\underline{\Lambda} = -\underline{\tilde{Q}} \quad , \tag{182}$$

in der $\underline{\tilde{Q}}$ abkürzend für

$$\tilde{\underline{Q}} = \underline{T}_o^* \, \underline{Q} \, \underline{T}_o \tag{183}$$

steht. Aufgrund der Diagonalgestalt von $\underline{\Lambda}$ ist aber unmittelbar klar, daß sich Gl.(182) eindeutig durch die Beziehungen

$$\tilde{r}_{ij} = \frac{-\tilde{q}_{ij}}{\lambda_i^* + \lambda_j} \tag{184}$$

nach den Elementen $\tilde{r}_{ij}$ der Matrix $\tilde{\underline{R}}_o$ auflösen läßt. (Darin steht $\tilde{q}_{ij}$ für die Elemente der Matrix $\tilde{\underline{Q}}$). Man beachte, daß der Nenner $\lambda_i^* + \lambda_j$ nicht den Wert Null annehmen kann, da die Matrix $\hat{\underline{A}}$ stabil ist und somit die Realteile der Eigenwerte $\lambda_1, \lambda_2, \ldots, \lambda_n$ stets negativ sind.

17. Zur Minimisierung des quadratischen Güteintegrals im Raum der zulässigen Vektoren $\underline{k} = \underline{k}(\underline{h})$

Für das Folgende ist es zweckmäßig, die Parameter $h_1, h_2, \ldots, h_n$ der Parameterdarstellung (96) zu einem Parametervektor

$$\underline{h} = \begin{bmatrix} h_1 \\ h_2 \\ \cdot \\ \cdot \\ \cdot \\ h_n \end{bmatrix} \tag{185}$$

zusammenzufassen. Damit läßt sich diese Parameterdarstellung in der vektoriellen Form

$$\underline{k} = \underline{k}(\underline{h}) \tag{186}$$

schreiben. Aufgrund der Abschnitte 16.1, 16.2 und 16.3 ist ein derartiger Vektor $\underline{k} = \underline{k}(\underline{h})$ zulässig bezüglich eines festen Punktes $\underline{x}$, wenn für die oben hergeleiteten Schranken die Ungleichungen

$$S(\underline{x}, \underline{k}(\underline{h})) \leq u_o \tag{187}$$

und

$$S'(\underline{x},\underline{k}(\underline{h})) \leq d_o \tag{188}$$

erfüllt sind, wenn für alle Komponenten h_i von $\underline{h}$

$$h_i \neq 0 \qquad (i = 1,2,\ldots,n) \tag{189}$$

gilt und wenn für die Eigenwerte $\lambda_1,\lambda_2,\ldots,\lambda_n$ der Matrix $\hat{\underline{A}} = \underline{A} - \underline{b}\underline{k}^T(\underline{h})$ die Nebenbedingungen

$$\lambda_i \neq \lambda_k \qquad \text{für alle } i,k \quad (i \neq k) \tag{190}$$

erfüllt sind (d.h. wenn für die Komponenten h_i von $\underline{h}$ gewisse leicht angebbare Wertekombinationen ausgeschlossen werden, die zu mehrfachen Eigenwerten in der Matrix $\hat{\underline{A}}$ führen). Damit liegen *explizite hinreichende Bedingungen für die Zulässigkeit* eines Vektors $\underline{k} = \underline{k}(\underline{h})$ bezüglich eines Punktes $\underline{x}$ vor.[1] Wenn ein Parametervektor $\underline{h}$ zu einem Vektor $\underline{k}(\underline{h})$ führt, der bezüglich eines Trajektorienpunktes $\underline{x}$ zulässig ist, soll abkürzend auch davon gesprochen werden, daß *der Parametervektor* $\underline{h}$ bezüglich $\underline{x}$ zulässig ist. Nach Abschnitt 16.4 ist der Wert des Güteintegrals (165), der zu einem derartigen Parametervektor $\underline{h}$ bzw. zu $\underline{k}(\underline{h})$ sowie zum Trajektorienanfangspunkt $\underline{x}$ gehört, durch einen Ausdruck der Form

$$J(\underline{x},\underline{k}(\underline{h})) = \underline{x}^T\underline{R}(\underline{A},\underline{b},\underline{Q};\underline{h})\underline{x} \tag{191}$$

bestimmt, in dem sich die Matrix $\underline{R}$ als explizite Funktion der angegebenen Argumente berechnen läßt. Und zwar sind $\underline{A}$ und $\underline{b}$ durch das zugrundeliegende System (1) und $\underline{Q}$ durch das verwendete Güteintegral festgelegt.

Die Anwendung des Syntheselemmas, das in Abschnitt 15 hergeleitet worden ist, läuft nunmehr darauf hinaus, daß die Funktion (191) in jeweils aufeinanderfolgenden Zeitpunkten $t_o < t_1 < t_2 < \ldots$ unter Einhaltung der Nebenbedingungen (187) bis (190) im Raum der Parametervektoren $\underline{h}$ möglichst zu minimisieren ist. Wie sich ein derartiges "Minimisierungsproblem mit Nebenbedingungen" in n Variablen (nämlich $h_1,h_2,\ldots,h_n$) analytisch behandeln läßt, ist im Prinzip bekannt. Abgesehen von einfachen Fällen erscheint es jedoch in der vorliegenden Situation i.a.

---

1) In den Gln.(187) und (188) kann auch von den analytisch einfacheren jedoch i.a. größeren Schranken $S_{T_o}(\underline{x},\underline{k}(\underline{h}))$ und $S'_{T_o}(\underline{x},\underline{k}(\underline{h}))$ ausgegangen werden. Man erhält dann Forderungen an $\underline{k}(\underline{h})$, die einfacher zu prüfen aber stärker sind.

als wenig aussichtsreich, auf analytischem Wege eine explizite Lösung zu finden. Es sind aber eine ganze Reihe von brauchbaren numerischen Verfahren - in erster Linie die zahlreichen Varianten des Gradientenverfahrens - für die Behandlung derartiger Minimisierungsprobleme bekannt. Im folgenden wird skizziert, wie ein numerischer Minimisierungsalgorithmus zur Lösung des vorliegenden Problems aussehen kann, der auf dem Gradientenverfahren basiert.

Zunächst kommt es darauf an, zu einem vorliegenden Punkt $\underline{x}$ einen Parametervektor $\underline{h}_o$ zu finden, der bezüglich $\underline{x}$ zulässig ist, d.h. für den die Bedingungen (187) bis (190) erfüllt sind. Da sich die beiden letzten dieser Bedingungen - wenn sie nicht gültig sind - stets durch geeignete beliebig kleine Änderungen der Komponenten von $\underline{h}$ erfüllen lassen, sind im folgenden nur die beiden ersten Bedingungen (187) und (188) wesentlich. Führt man die "Fehlerfunktion"

$$\hat{F}(\underline{x},\underline{h}) = \alpha\left[\frac{S(\underline{x},\underline{k}(\underline{h}))}{u_o} - 1\right]^2 + \beta\left[\frac{S'(\underline{x},\underline{k}(\underline{h}))}{d_o} - 1\right]^2 \tag{192}$$

ein, in der die Faktoren α und β durch die Beziehungen

$$\alpha = \begin{cases} 0 & \text{falls } S(\underline{x},\underline{k}(\underline{h})) \leq u_o \\ 1 & \text{sonst} \end{cases}$$

$$\beta = \begin{cases} 0 & \text{falls } S'(\underline{x},\underline{k}(\underline{h})) \leq d_o \\ 1 & \text{sonst} \end{cases} \tag{193}$$

definiert sind, so ist klar, daß ein Parametervektor $\underline{h}$ die Beziehungen (187) und (188) genau dann erfüllt, wenn

$$\hat{F}(\underline{x},\underline{h}) = 0 \tag{194}$$

gilt. Andererseits sind diese Bedingungen umso stärker verletzt, je größer der Wert von $\hat{F}(\underline{x},\underline{h})$ ist. Wird daher der Wert dieser Fehlerfunktion durch wiederholten Übergang

$$\underline{h} := \underline{h} + \Delta\underline{h} \tag{195}$$

zu geeignet abgeänderten Parametervektoren $\underline{h}$ - angefangen von irgendeinem Anfangswert $\underline{h}_{ANF}$ und unter Beachtung der Nebenbedingungen (189) und (190) - schrittweise verkleinert, bis $\hat{F}(\underline{x},\underline{h}) = 0$ gilt, so ist der schließlich erhaltene Vektor $\underline{h}$ zulässig bezüglich $\underline{x}$. Dieser numerische Minimisierungsprozeß ist in der linken Hälfte von Bild 19 dargestellt. Und zwar ist darin - entsprechend dem eigentlichen Gradientenverfahren - vorgesehen, daß die Änderung $\Delta\underline{h}$ des Parametervektors $\underline{h}$ jeweils in Richtung des negativen Gradienten der Funktion $\hat{F}(\underline{x},\underline{h})$ bezüglich $\underline{h}$ zu wählen ist.[1)]

Wird die notwendige Verkleinerung von $\hat{F}(\underline{x},\underline{h})$ innerhalb einer vorzugebenden Anzahl j_{MAX} von Iterationsschritten nicht erreicht, so könnte es sein, daß der Anfangswert $\underline{h}_{ANF}$ unzweckmäßig gewählt worden ist oder daß es überhaupt keinen Vektor $\underline{k}(\underline{h})$ gibt, der bezüglich des betrachteten Punktes $\underline{x}$ zulässig ist. Dieser zweite Fall kann beispielsweise eintreten, wenn die Matrix $\underline{A}$ des zugrundeliegenden Systems (1) Eigenwerte mit positiven Realteilen besitzt. Für geeignet gewählte Anfangsauslenkungen $\underline{x}$ des Systems (1) mit hinreichend großem Betrag ist es dann nämlich bekanntlich nicht möglich, den Zustandsvektor in den Ursprung zu überführen, wenn für die Steuergröße eine Beschränkung $|u(t)| \leq u_o$ einzuhalten ist.

Endet der beschriebene Minimisierungsprozeß mit einem Parametervektor $\underline{h}$, der bezüglich $\underline{x}$ zulässig ist, so setzt der rechts in Bild 19 dargestellte Gradientenalgorithmus ein, mit dem der durch Gl.(191) gegebene Wert des Güteintegrals möglichst verkleinert wird. Dieser Algorithmus ist wie der zuvor beschriebene aufgebaut, bis auf den Unterschied, daß nach jedem Iterationsschritt mit Hilfe der Beziehung (194) überprüft wird, ob der abgeänderte Parametervektor noch zulässig bezüglich $\underline{x}$ ist.[2)] Sobald dies nicht mehr der Fall ist oder wenn eine vorgegebene Maximalzahl m_{MAX} von Iterationsschritten erreicht ist, wird der Minimisierungsprozeß abgebrochen und der zuletzt erhaltene zulässige Vektor $\underline{k}$ als suboptimale Lösung $\underline{k} = \underline{k}(\underline{h})$ des vorliegenden Minimisierungsproblems betrachtet.

---

1) Die verschiedenen Varianten des Gradientenverfahrens unterscheiden sich in der Strategie, mit der Betrag und Richtung des jeweiligen Schrittes $\Delta\underline{h}$ festgelegt werden. Ein besonders wirkungsvolles Verfahren ist beschrieben in [18].

2) Dieses Verfahren läßt sich verbessern, wenn man bei der Änderung des Parametervektors $\underline{h}$ auch Schritte $\Delta\underline{h}$ zuläßt, die *nicht* in Richtung des negativen Gradienten der Funktion (191) bezüglich $\underline{h}$ gelegen sind (vergl. auch [18]).

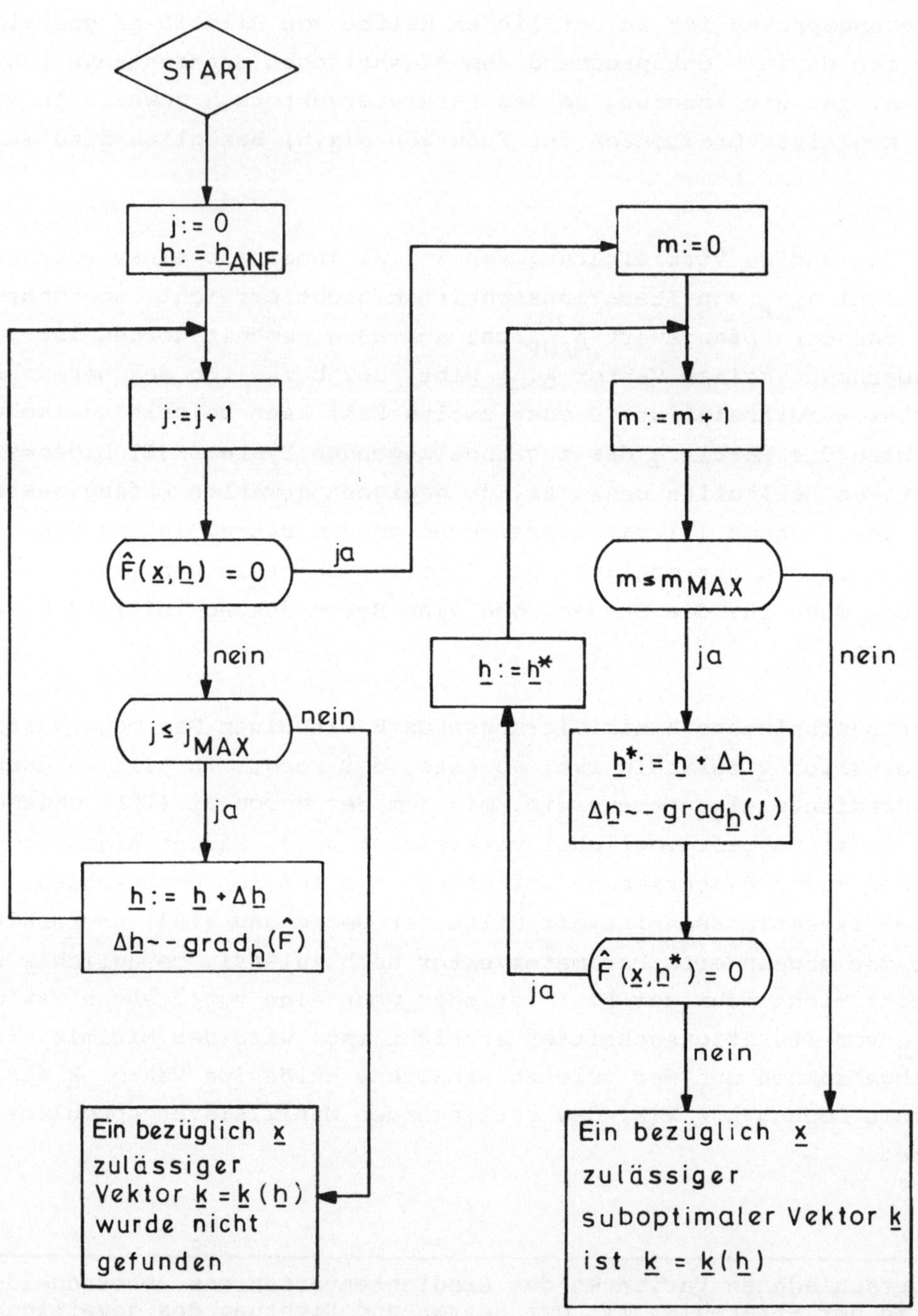

Bild 19 Algorithmus zur Minimisierung des quadratischen Güteintegrals im Raum der zulässigen Vektoren $\underline{k}=\underline{k}(\underline{h})$

18. Ein vollständiger Regelalgorithmus

Nach den getroffenen Vorbereitungen kann nunmehr ein vollständiger Regelalgorithmus angegeben werden, der auf dem hergeleiteten Synthese-lemma basiert und mit dem sich die Grundaufgabe lösen läßt, die in Kapitel II ausführlich beschrieben worden ist. Und zwar soll der Zustandsvektor eines beliebigen vollständig steuer- und beobachtbaren linearen Systems (1) mit diesem Regelalgorithmus aus jeder Anfangsauslenkung $\underline{x}_o$, die innerhalb einer vorweg bekannten Umgebung G liegt, unter Einhaltung der genannten Beschränkungen so in den Ursprung überführt werden können, daß dabei ein vorgegebenes quadratisches Güteintegral (165) zwar nicht den kleinstmöglichen, aber einen relativ geringen Wert annimmt.

Die Struktur des resultierenden Regelungssystems entspricht dem auf S.33 gebrachten Bild 15. Sie läßt sich aufgrund des Syntheselemmas speziell so einrichten, daß der Vektor $\underline{k}$, mit dessen Hilfe die Steuergröße u gebildet wird, jeweils in den *äquidistanten* Zeitpunkten

$$\begin{aligned} &t_o \\ &t_1 = t_o + \Delta t \\ &t_2 = t_o + 2\Delta t \\ &\cdot \\ &\cdot \\ &\cdot \end{aligned} \tag{196}$$

neu bestimmt wird. Und zwar wird in jedem dieser Zeitpunkte t_i aus dem *kontinuierlichen* Vorrat aller Vektoren $\underline{k}(\underline{h})$ ein Vektor $\underline{k}_i = \underline{k}(\underline{h}_i)$ ausgewählt, der bezüglich des gerade erreichten Trajektorienpunktes $\underline{x}(t_i)$ zulässig ist. Darüber hinaus wird dieser Vektor $\underline{k}_i = \underline{k}(\underline{h}_i)$ so bestimmt, daß er im Sinne der Ungleichung

$$J(\underline{x}(t_i),\underline{k}(\underline{h}_i)) \leq J(\underline{x}(t_i),\underline{k}(\underline{h}_{i-1})) \quad , \tag{197}$$

die Gl. (87) entspricht, möglichst zu einem kleineren, keineswegs aber zu einem größeren Wert des restlichen Güteintegrals führt als der zuvor aktuelle Vektor $\underline{k}_{i-1} = \underline{k}(\underline{h}_{i-1})$. Mit diesem Vektor $\underline{k}_i$ wird während des Zeitintervalls $[t_i, t_{i+1}]$ die Steuergröße

$$u = - \underline{k}_i^T \underline{x} \tag{198}$$

gebildet und auf die Regelstrecke geschaltet. Die insgesamt resultierende Steuergröße ist damit durch die Vorschrift

$$u(\underline{x}_o,\Delta t;\underline{x}) = \begin{cases} -\underline{k}_o^T\underline{x}, & t_o \leq t < t_1 \\ -\underline{k}_1^T\underline{x}, & t_1 \leq t < t_2 \\ -\underline{k}_2^T\underline{x}, & t_2 \leq t < t_3 \\ \vdots \end{cases} \tag{199}$$

festgelegt. Dabei soll durch die Argumente $\underline{x}_o$ und Δt zum Ausdruck gebracht werden, daß die Folge der abschnittweise gültigen linearen Steuergesetze von dem Trajektorienanfangspunkt $\underline{x}_o$ und von dem - im Prinzip willkürlich wählbaren - zeitlichen Abstand Δt abhängt, in dem die Zeitpunkte t_i aufeinander folgen.[1)]

Um zu zeigen, auf welche Weise die rechnerische Bestimmung der abschnittweise aktuellen Vektoren $\underline{k}_i$ erfolgen kann, ist in Bild 20 ein vollständiger Regelalgorithmus dargestellt. Dabei wird vorausgesetzt, daß ein Parametervektor $\underline{h}_A$ bekannt ist, der *mindestens* bezüglich aller Punkte $\underline{x}$ der vorgegebenen Umgebung G zulässig ist. Es wird also davon ausgegangen, daß ein lineares Steuergesetz

$$u = -\underline{k}^T(\underline{h}_A)\underline{x} \tag{200}$$

vorliegt, mit dem jede Trajektorie des zugehörigen Systems (95), die in G startet, unter Einhaltung der gegebenen Beschränkungen in den Ursprung einläuft - gleichgültig, wieweit der Verlauf der Trajektorien den im übrigen erwünschten Spezifikationen entspricht. Um den Wirkungsablauf des Regelalgorithmus zu illustrieren, wird von einer Anfangsauslenkung $\underline{x}_o = \underline{x}(t_o)$ des Zustandsvektors der Regelstrecke (1) ausgegangen, die in G gelegen ist. Diese Auslenkung $\underline{x}_o$ wird zur Zeit t_o gemessen und der ersten Verzweigungsstelle des Regelalgorithmus zugeführt. Zunächst ist $i = 0$. Daher wird unmittelbar mit dem Vektor $\underline{h}_A$ als Anfangswert in den Unteralgorithmus eingegangen, der im vorigen Abschnitt beschrieben worden ist. Dieser Algorithmus liefert - ohne daß dabei die erste Gradientenprozedur anspringt - einen Vektor $\underline{k}_o = \underline{k}(\underline{h}_o)$, der bezüglich $\underline{x}_o$ zulässig und suboptimal ist. Mit diesem Vektor $\underline{k}_o$ wird die Steuergröße $u = -\underline{k}_o^T\underline{x}$ während des Zeitintervalls $[t_o, t_o + \Delta t]$ gebildet und auf die Regelstrecke geschaltet.

---

1) Bei der tatsächlichen Anwendung des Regelalgorithmus ist es sinnvoll das aktuelle lineare Steuergesetz $u = -\underline{k}_i^T\underline{x}$ nicht mehr abzuändern, sobald sich die Trajektorie $\underline{x}(t)$ dem Ursprung hinreichend weit genähert hat.

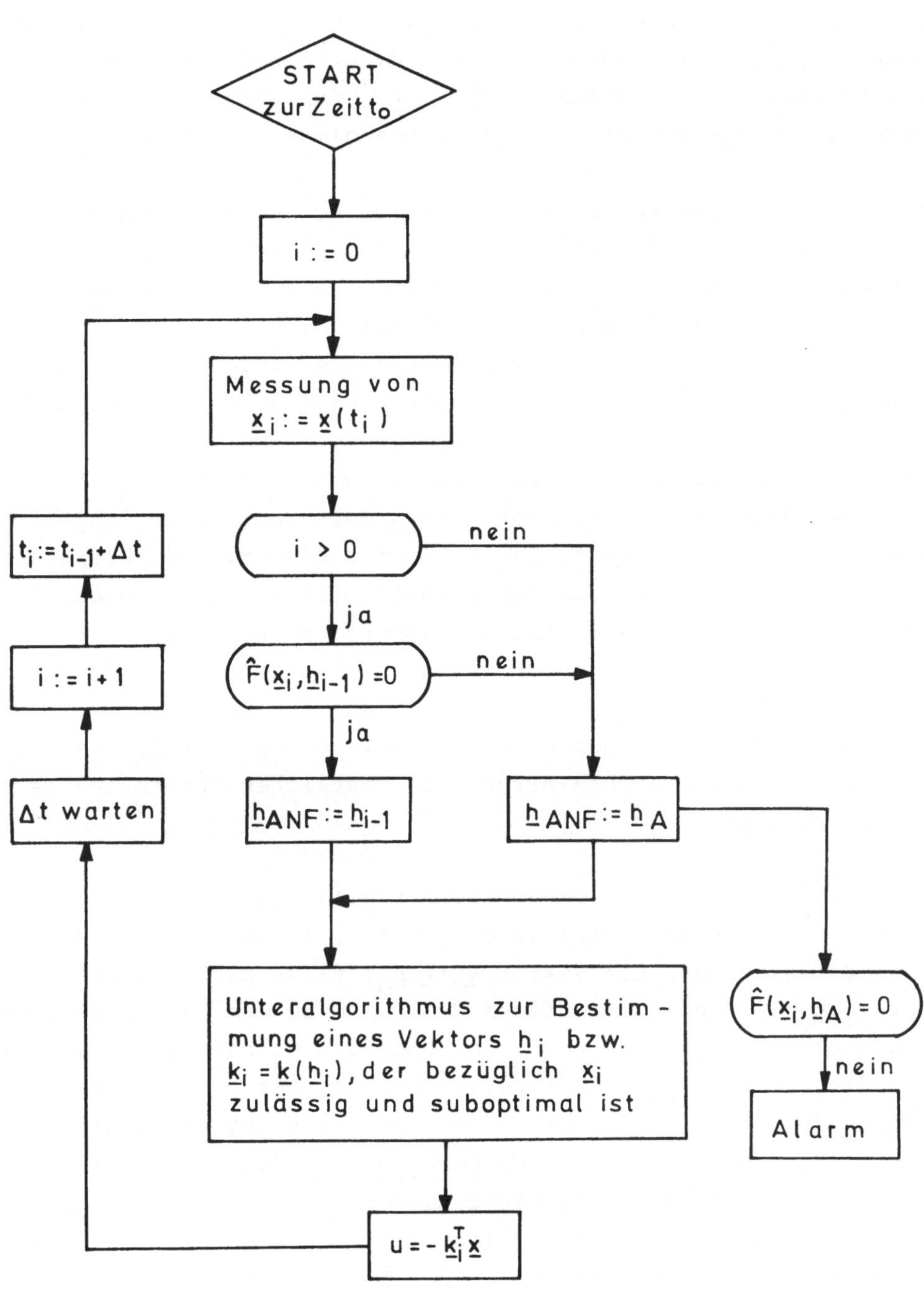

Bild 20 Vollständiger Regelalgorithmus

Im Zeitpunkt $t_1 = t_o + \Delta t$ liegt die Auslenkung $\underline{x}_1 = \underline{x}(t_1)$ vor. Jetzt gilt $i > 0$, und entsprechend Bild 20 wird zunächst geprüft, ob die Bedingung $\hat{F}(\underline{x}_1, \underline{h}_o) = 0$ erfüllt ist, die dafür hinreichend ist, daß der im vorangegangenen Zeitintervall $[t_o, t_1]$ für die Bestimmung der Steuergröße verwendete Vektor $\underline{k}_o = \underline{k}(\underline{h}_o)$ bezüglich $\underline{x}_1$ zulässig ist.

Haben während dieses Zeitintervalls keine Störungen auf die Regelstrekke eingewirkt, so ist jedenfalls klar, daß $\underline{k}_o$ bezüglich $\underline{x}_1$ zulässig ist. Denn wenn ein Vektor $\underline{k}$ bezüglich einer Anfangsauslenkung $\underline{x}_o$ zulässig ist, behält er diese Eigenschaft aufgrund der Definition der Zulässigkeit für *jeden* Punkt der Trajektorie $\underline{x}(t)$ des zugehörigen Systems (95), die in $\underline{x}_o$ ihren Ausgang nimmt. Entsprechend ergibt sich aus der Monotonieeigenschaft (vergl. Gl.(156) ff.), die für die in Gl.(192) verwendeten Schranken gültig ist, daß auch die Beziehung $\hat{F}(\underline{x}, \underline{h}_o) = 0$, sofern sie für den Punkt $\underline{x}_o$ erfüllt ist, längs der ungestörten Trajektorie $\underline{x}(t)$ gültig bleibt. Im störungsfreien Fall wird also mit dem bisher aktuellen Vektor $\underline{h}_o$ als Anfangswert in den Unteralgorithmus eingegangen, der dann - ohne daß darin die erste Gradientenprozedur anspringt - zu einem bezüglich $\underline{x}_1$ zulässigen und suboptimalen Vektor $\underline{k}_1 = \underline{k}(\underline{h}_1)$ führt. Es ist klar, daß dieser Vektor $\underline{k}_1 = \underline{k}(\underline{h}_1)$ im Sinne der Ungleichung (197) "mindestens so gut" wie der bisher aktuelle Vektor $\underline{k}_o = \underline{k}(\underline{h}_o)$ ist, da der Unteralgorithmus zur Verkleinerung des restlichen Güteintegrals mit dem Vektor $\underline{h}_o$ beginnt.

Waren dagegen im Verlaufe des Zeitintervalls $[t_o, t_1]$ Störungen wirksam, so könnte sich die Regelstrecke zur Zeit t_1 in einem Zustand $\underline{x}_1$ befinden, in Bezug auf den der Vektor $\underline{k}_o = \underline{k}(\underline{h}_o)$ nicht zulässig ist, so daß also $\hat{F}(\underline{x}_1, \underline{h}_o) > 0$ gilt. In diesem Fall wird zu dem Parametervektor $\underline{h}_A$ zurückgekehrt. Liegt $\underline{x}_1$ noch in der Umgebung G, so ist die Zulässigkeitsbedingung $\hat{F}(\underline{x}_1, \underline{h}_A) = 0$ erfüllt, d.h. es ist dann gesichert, daß der nachfolgende Unteralgorithmus - ohne daß darin die erste Gradientenprozedur anspringt - zu einem Vektor $\underline{k}_1 = \underline{k}(\underline{h}_1)$ führt, der bezüglich $\underline{x}_1$ zulässig und suboptimal ist. Liegt dagegen $\underline{x}_1$ außerhalb des Bereiches, in Bezug auf den $\underline{k}(\underline{h}_A)$ zulässig ist, so tritt eine Alarmsituation ein: Es wird dann zwar in dem nachfolgenden Unteralgorithmus die Gradientenprozedur zur Verringerung des Wertes von $\hat{F}(\underline{x}_1, \underline{h})$ ausgeführt, aber es hängt von der Größe der vorangegangenen Störungen ab, ob dabei tatsächlich ein Parametervektor $\underline{h}_1$ gefunden wird, für den $\hat{F}(\underline{x}_1, \underline{h}_1) = 0$ gilt, d.h. für den der zugehörige Vektor $\underline{k}_1=\underline{k}(\underline{h}_1)$ bezüglich $\underline{x}_1$ zulässig ist.[1)]

Auf entsprechende Weise führt der vorliegende Regelalgorithmus im Falle nicht allzu großer Störungen in allen Zeitpunkten t_i zu den Vektoren $\underline{k}_i$, mit deren Hilfe die Steuergröße u nach der Vorschrift (199) gebildet wird.

Es ist zu bemerken, daß die Vektoren $\underline{k}_i$ in der bisher beschriebenen Form des Regelalgorithmus *momentan*, d.h. jeweils in den Zeitpunkten t_i zu bestimmen sind. Sofern man zur Untersuchung der resultierenden Systemeigenschaften den Regelalgorithmus *und* die Regelstrecke auf einem Rechner simuliert, so ergeben sich hieraus keine Schwierigkeiten, da der in der Regelstrecke ablaufende dynamische Vorgang in jedem Zeitpunkt t_i angehalten werden kann, bis die Rechnungen zur Bestimmung des benötigten Vektors $\underline{k}_i$ jeweils abgeschlossen sind. Auf diese Weise wurden z.B. die Simulationsergebnisse erzielt, die in Abschnitt 20 dargestellt werden. Soll der Algorithmus dagegen in Verbindung mit einer *realen* Regelstrecke als Regler eingesetzt werden, so kommt es für seine Brauchbarkeit auf die Rechenzeit τ an, die jeweils für die Bestimmung eines Vektors $\underline{k}_i$ erforderlich ist.

Eine naheliegende Forderung an diese Rechenzeit ist, daß sie im Sinne der Beziehung

$$\tau \ll \Delta t \tag{201}$$

gegenüber dem zeitlichen Abstand Δt zweier aufeinanderfolgender Punkte t_i und t_{i+1}, in denen der Vektor $\underline{k}$ jeweils neu bestimmt wird, vernachlässigbar ist. Diese Forderung wird dadurch etwas entschärft, daß der Abstand Δt im Prinzip *frei wählbar* ist. Es wird aber in jedem Einzelfall eine vernünftige obere Grenze für den Wert Δt existieren, die nicht überschritten werden darf, wenn der vorliegende Regelalgorithmus gegenüber einem festen linearen Steuergesetz zu einer nennenswerten Verbesserung des Systemverhaltens führen soll.

Man kann aber die Bedingung (201) durch die schwächere Forderung

---

1) Diese Alarmsituation wird natürlich um so mehr vermieden, je weiter das Gebiet $\tilde{G}$, in Bezug auf das der Vektor $\underline{k}(\underline{h}_A)$ tatsächlich zulässig ist, über G hinausgreift. Im nächsten Abschnitt wird ein Verfahren zur Bestimmung von Vektoren $\underline{k}(\underline{h}_A)$ mit möglichst großen "Zulässigkeitsgebieten" $\tilde{G}$ skizziert.

$$\tau \approx \Delta t \tag{202}$$

ersetzen, wenn man den Regelalgorithmus dahingehend modifiziert, daß jeweils vom Zeitpunkt t_i an *vorausberechnet* wird, in welchem Zustand $\underline{\hat{x}}_{i+1}$ sich der Zustandsvektor aufgrund des aktuellen Steuergesetzes $u = -\underline{k}_i^T\underline{x}$ im Zeitpunkt $t_{i+1}=t_i+\Delta t$ befinden würde, wenn inzwischen keine Störungen wirksam sind. In diesem Fall steht nämlich der volle Zeitraum Δt für die Bestimmung eines Vektors $\underline{k}_{i+1}$ zur Verfügung, der bezüglich $\underline{\hat{x}}_{i+1}$ zulässig und suboptimal ist. Ob dieser Vektor dann auch bezüglich des im Zeitpunkt t_{i+1} tatsächlich vorliegenden Vektors $\underline{x}_{i+1}$ zulässig ist, läßt sich mit geringem Rechenaufwand überprüfen, da die Vektoren $\underline{x}_{i+1}$ und $\underline{\hat{x}}_{i+1}$ bei nicht zu großen Störungen eng benachbart sind.

In Abschnitt 21 wird gezeigt, daß sich der vorliegende Regelalgorithmus durch eine geeignete *Vorauswahl von endlich vielen Vektoren* $\underline{k}_i=\underline{k}(\underline{h}_i)$ stark vereinfachen und mit wesentlich geringerem Aufwand technisch realisieren läßt. In Kapitel VII wird ein weitergehendes Verfahren beschrieben, das auf die Realisierung des vorliegenden Regelalgorithmus (sowie entsprechender beliebiger anderer) durch ausschließliche Verwendung von Operationsverstärkern, Widerständen und Dioden abzielt.

19. Bestimmung von Vektoren $\underline{h}$ bzw. $\underline{k}$ mit großen Zulässigkeitsgebieten

Für den Regelalgorithmus, der im vorangegangenen Abschnitt beschrieben worden ist, wurde vorausgesetzt, daß ein Vektor $\underline{h}_A$ bzw. $\underline{k}=\underline{k}(\underline{h}_A)$ bekannt ist, der *mindestens* bezüglich aller Punkte $\underline{x}$ der vorgegebenen Umgebung G zulässig ist. Dabei war es aber wünschenswert, daß die Menge $\tilde{G}$ aller Punkte, bezüglich der $\underline{h}_A$ bzw. $\underline{k}(\underline{h}_A)$ tatsächlich zulässig ist, im Sinne der Beziehung

$$G \subseteq \tilde{G} \tag{203}$$

möglichst weit über die Umgebung G hinausgreift.

Wenn die betrachtete Regelstrecke (1) stabil ist und nur für die Steuergröße eine Beschränkung vorgegeben ist, so ist der Vektor $\underline{k} = \underline{0}$ bezüglich *sämtlicher* Punkte des Zustandsraumes zulässig. Für diese Wahl von $\underline{k}$ läuft nämlich jede Trajektorie des Systems (95) so in den Ursprung ein, daß dabei stets $u(t) \equiv 0$ gilt. In diesem wichtigen Spezialfall läßt sich also stets ein Parametervektor $\underline{h}_A$ angeben, mit dem die oben beschriebene Alarmsituation prinzipiell vermieden wird, gleichgültig wie groß die Anfangsauslenkung $\underline{x}_o$ und die zwischenzeitlich wirksamen Störungen sind.

Ein weiterer leicht zu behandelnder Spezialfall ergibt sich aufgrund von Abschnitt 6, wenn die Einstellung der Ausgangsgröße einer linearen Regelstrecke auf unterschiedliche Sollwerte - ohne Berücksichtigung von Störungen - möglich sein soll. In diesem Fall stellt nämlich die hier betrachtete Umgebung G eine *eindimensionale* Mannigfaltigkeit dar (Bild 8), die sich in der Form

$$G = \{\underline{x} \mid \underline{x} = \mu\underline{x}_{RAND}, |\mu| \leq 1\} \tag{204}$$

schreiben läßt. Wenn ein Vektor $\underline{k} = \underline{k}(\underline{h})$ bezüglich des Randpunktes $\underline{x}_{RAND}$ von G zulässig ist, so ist er aufgrund der Überlegungen, auf denen Gl.(53) basiert, auch zulässig bezüglich jedes anderen Punktes von G. In diesem Fall läßt sich also der in Bild 19 dargestellte Algorithmus dazu verwenden, einen Vektor $\underline{k}_A = \underline{k}(\underline{h}_A)$ zu bestimmen, der bezüglich $\underline{x}_{RAND}$ und damit in Bezug auf ganz G zulässig ist. Bei diesem Verfahren ergibt sich überdies, daß der gewonnene Vektor $\underline{k}_A$ in dem beschriebenen Sinne suboptimal bezüglich $\underline{x}_{RAND}$ ist. Daraus läßt sich herleiten, daß der Vektor $\underline{k}_A$ in einem globalen Sinne, und zwar *in Bezug auf ganz G*, als suboptimal anzusprechen ist. Wenn man nämlich etwa den über G erstreckten Mittelwert des Güteintegrals (165) als *globales Gütemaß*

$$\bar{J}(G,\underline{k}) = \frac{1}{2}\int_{-1}^{1} J(\mu\underline{x}_{RAND},\underline{k})\, d\mu \tag{205}$$

einführt, so ergibt sich mit der Beziehung

$$J(\mu\underline{x}_{RAND},\underline{k}) = \mu^2 J(\underline{x}_{RAND},\underline{k}) \quad , \tag{206}$$

die aufgrund von Gl.(170) gilt, daß dieser Mittelwert durch

$$\bar{J}(G,\underline{k}) = \frac{1}{3} J(\underline{x}_{RAND},\underline{k}) \tag{207}$$

gegeben ist. Damit ist das Problem der Minimisierung von $\bar{J}(G,\underline{k})$ auf das Problem der Minimisierung von $J(\underline{x}_{RAND},\underline{k})$ zurückgeführt. Der oben aufgefundene Vektor $\underline{k}_A$ ist also im Sinne des Gütemaßes (205) suboptimal bezüglich ganz G. Wird daher der zugehörige Parametervektor $\underline{h}_A$ als Anfangswert in den Regelalgorithmus eingeführt, der in Bild 20 dargestellt ist, so bedeutet dies, daß darin von einem linearen Steuergesetz, und zwar von

$$u = -\underline{k}_A^T\underline{x} \tag{208}$$

ausgegangen wird, das bereits in Bezug auf ganz G eine gute Anfangsnäherung darstellt.

Zur Behandlung des allgemeinen Falles geht man zweckmäßig von den hinreichenden Bedingungen (187) bis (190) für die Zulässigkeit eines Vektors $\underline{k} = \underline{k}(\underline{h})$ bezüglich eines vorgegebenen Punktes $\underline{x}$ aus. Aus ihnen ergibt sich nämlich unmittelbar, daß ein vorgegebener Vektor $\underline{k} = \underline{k}(\underline{h})$, der die Bedingungen (189) und (190) erfüllt, *mindestens* bezüglich aller Punkte $\underline{x}$ der Menge

$$\tilde{G}(\underline{h}) = \{\underline{x} | S(\underline{x},\underline{k}(\underline{h})) \leq u_o \ ; \ S'(\underline{x},\underline{k}(\underline{h})) \leq d_o\} \tag{209}$$

sowie bezüglich aller Punkte der Menge

$$\tilde{G}_o(\underline{h}) = \{\underline{x} | S_{T_o}(\underline{x},\underline{k}(\underline{h})) \leq u_o \ ; \ S'_{T_o}(\underline{x},\underline{k}(\underline{h})) \leq d_o\} \ . \tag{210}$$

zulässig ist. Die Menge $\tilde{G}_o(\underline{h})$ läßt sich aufgrund der Beziehungen (153) und (162) auch in der analytisch einfachen Form

$$\tilde{G}_o(\underline{h}) = \{\underline{x} | \underline{x}^T\underline{P}_1(\underline{h})\underline{x} \leq 1 \ ; \ \underline{x}^T\underline{P}_2(\underline{h})\underline{x} \leq 1\} \tag{211}$$

schreiben, in der $\underline{P}_1(\underline{h})$ und $\underline{P}_2(\underline{h})$ positiv definite reelle symmetrische Matrizen sind, jedoch ist die Menge $\tilde{G}_o(\underline{h})$ wegen der Gln.(155) und (164) im Sinne der Beziehung

$$\tilde{G}_o(\underline{h}) \subseteq \tilde{G}(\underline{h}) \tag{212}$$

kleiner als $\tilde{G}(\underline{h})$.

Man kann ohne wesentliche Einschränkung der Allgemeinheit stets davon ausgehen, daß die möglichen Anfangsauslenkungen $\underline{x}_o$, die mit Hilfe des oben beschriebenen Regelalgorithmus in den Ursprung zu überführen sind, innerhalb einer Umgebung G mit der *speziellen* Form

$$G = \{\underline{x} | \underline{x}^T \underline{P}_o \underline{x} \leq 1\} \tag{213}$$

gelegen sind (wobei $\underline{P}_o$ eine positiv definite reelle symmetrische Matrix darstellt). Eine derartige Menge G läßt sich nun auf einfache Weise mit der Menge $\tilde{G}_o(\underline{h})$ vergleichen, die durch Gl.(211) gegeben ist. Man kann sich nämlich leicht davon überzeugen, daß die Menge G genau dann im Sinne der Beziehung

$$G \subseteq \tilde{G}_o(\underline{h}) \tag{214}$$

in der Menge $\tilde{G}_o(\underline{h})$ enthalten ist, wenn die beiden Matrizen

$$(\underline{P}_o - \underline{P}_1(\underline{h})) \quad \text{und} \quad (\underline{P}_o - \underline{P}_2(\underline{h})) \tag{215}$$

positiv semidefinit und damit ihre sämtlichen Eigenwerte nichtnegativ sind. Man kann daher aus den Eigenwerten dieser Matrizen eine (von $\underline{h}$ abhängige) "Fehlerfunktion" konstruieren, die genau dann den Wert Null hat, wenn die Beziehung (214) gilt und die umso größere Werte annimmt, je größer der Bereich von G ist, der nicht in $\tilde{G}_o(\underline{h})$ enthalten ist. Die numerische Minimisierung dieser Fehlerfunktion im Raum der Parametervektoren $\underline{h}$ (die sich analog zu Abschnitt 17 durchführen läßt) stellt dann ein systematisches Suchverfahren für die Bestimmung von Vektoren $\underline{h}$ bzw. $\underline{k} = \underline{k}(\underline{h})$ dar, die mindestens in Bezug auf alle Punkte von G zulässig sind. Durch entsprechende Abänderung der Fehlerfunktion kann man dieses Verfahren dahingehend modifizieren, daß es zu Vektoren $\underline{h}$ bzw. $\underline{k} = \underline{k}(\underline{h})$ führt, deren Zulässigkeitsgebiete $\tilde{G}_o(\underline{h})$ möglichst weit über G hinausreichen.

Läßt sich kein Vektor $\underline{h}_A$ finden, für den die Beziehung (214) gilt, so kann man anstelle von $\tilde{G}_o(\underline{h})$ von der Menge $\tilde{G}(\underline{h})$ ausgehen, die i.a. größer als $\tilde{G}_o(\underline{h})$, allerdings analytisch nicht so einfach zu handhaben ist. Wenn auch kein Vektor $\underline{h}_A$ gefunden werden kann, für den das Gebiet $\tilde{G}(\underline{h}_A)$ hinreichend groß ist, so bedeutet dies nicht, daß der oben beschriebene Regelalgorithmus unbrauchbar wird. Er läßt sich nämlich ohne nennenswerten Mehraufwand modifizieren, wenn stattdessen *mehrere* Vektoren $\underline{h}_{A1}, \underline{h}_{A2}, \ldots, \underline{h}_{Ar}$ gefunden werden können, deren Zulässigkeitsgebiete insgesamt ein ausreichend großes Gebiet $\tilde{G}$ überdecken. In diesem Fall ist bei jeder Störungsauslenkung - sofern sie nur innerhalb von $\tilde{G}$ liegt - gesichert, daß jeweils *mindestens einer* der Parametervektoren $\underline{h}_{Ai}$ zu einem suboptimalen zulässigen Vektor $\underline{k} = \underline{k}(\underline{h})$ führt.

Die Bestimmung eines Vektors $\underline{h}_A$ bzw. mehrerer entsprechender Vektoren $\underline{h}_{A1}$, $\underline{h}_{A2}$, ..., $\underline{h}_{Ar}$ mit den oben genannten Eigenschaften kann im Einzelfall - sofern sie überhaupt möglich ist - mit beträchtlichem numerischen Aufwand verbunden sein. Dies ist jedoch kein entscheidender Nachteil, da die zugehörigen Rechnungen *nur ein einziges Mal*, und zwar vor Ablauf des eigentlichen Regelalgorithmus, auszuführen sind. Das Verfahren zur Bestimmung von Vektoren $\underline{k} = \underline{k}(\underline{h})$, die in Bezug auf ein vorgegebenes Gebiet G zulässig sind, läßt sich - unabhängig vom vorliegenden Zusammenhang - übrigens auch zur Synthese von *linearen* Reglern der Form (94) ausnutzen. Hierzu hat man das Verfahren allerdings noch durch ein geeignetes Gütemaß zu ergänzen, das es erlaubt, unter mehreren Vektoren $\underline{k}$, die in Bezug auf G zulässig sind, einen auszuwählen, für den das Zeitverhalten des resultierenden linearen Systems (95) möglichst den geforderten Spezifikationen entspricht. Dabei muß dieses Gütemaß in geeigneter Form *global*, d.h. auf ganz G bezogen sein, damit es das Zeitverhalten *sämtlicher* irgendwo in G startender Trajektorien in Rechnung stellt (vergl. Gl.(205) und Abschn. 21).

20. Simulationsbeispiele

Zur Illustration des Systemverhaltens, das sich bei Verwendung des in Abschnitt 18 beschriebenen Algorithmus als Regler ergibt, werden im folgenden einige Ergebnisse angegeben, die durch Simulation auf einem Digitalrechner erhalten worden sind.

Um übersichtliche Verhältnisse zu haben, wurde als erstes Beispiel die in Bild 21 gezeigte verhältnismäßig einfache Regelstrecke dritter Ord-

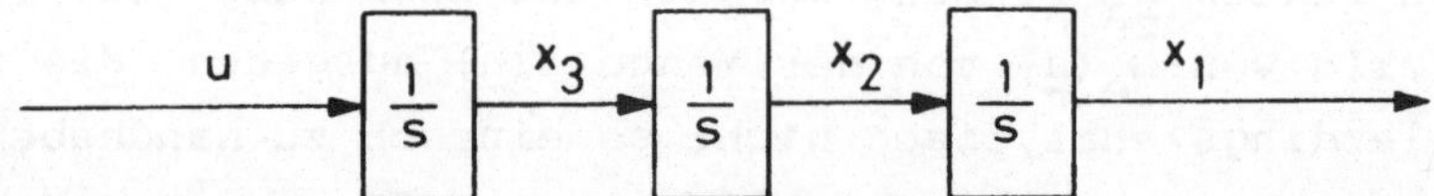

Bild 21 Strukturbild der Regelstrecke $1/s^3$, die als übersichtliches Illustrationsbeispiel dient

nung gewählt, die sich auch durch das lineare Gleichungssystem

$$\begin{bmatrix} \dot{x}_1 \\ \dot{x}_2 \\ \dot{x}_3 \end{bmatrix} = \begin{bmatrix} 0 & 1 & 0 \\ 0 & 0 & 1 \\ 0 & 0 & 0 \end{bmatrix} \begin{bmatrix} x_1 \\ x_2 \\ x_3 \end{bmatrix} + \begin{bmatrix} 0 \\ 0 \\ 1 \end{bmatrix} u$$

$$y = (1 \; 0 \; 0) \begin{bmatrix} x_1 \\ x_2 \\ x_3 \end{bmatrix} \tag{216}$$

beschreiben läßt. Es wurde von der Grundaufgabe ausgegangen, den Zustandsvektor $\underline{x}$ dieses Systems aus allen Anfangsauslenkungen $\underline{x}_o$, die im Zustandsraum auf der x_1-Achse liegen und dort in das Intervall

$$G = \{\underline{x} | \underline{x}^T \begin{bmatrix} 1 & 0 & 0 \\ 0 & 0 & 0 \\ 0 & 0 & 0 \end{bmatrix} \underline{x} \leq 1\} \tag{217}$$

fallen, in den Ursprung zu überführen. Dabei wurde angenommen, daß die Steuergrößenbeschränkung

$$|u(t)| \leq u_o = 2 \tag{218}$$

einzuhalten ist und daß das quadratische Güteintegral (165), in dem für $\underline{Q}$ die Matrix

$$\underline{Q} = \begin{bmatrix} 1 & 0 & 0 \\ 0 & 0 & 0 \\ 0 & 0 & 0 \end{bmatrix} \tag{219}$$

gewählt ist, einen möglichst geringen Wert annehmen soll.[1)]

1) Diese Matrix $\underline{Q}$ ist nicht positiv definit, wie es aufgrund der Herleitung des Syntheselemmas erforderlich ist. Die Simulation lieferte jedoch für derartige Matrizen $\underline{Q}$ keinen Unterschied gegenüber dem Fall, daß die verschwindenden Diagonalelemente durch hinreichend kleine positive Werte ε ersetzt sind. Um die Schreibweise übersichtlich zu gestalten, erscheinen daher hier und im folgenden auch positiv *semi*definite Matrizen $\underline{Q}$. Vergl. Fußnote auf S. 104.

Vor Durchführung der eigentlichen Simulation war ein Vektor $\underline{k}_A = \underline{k}(\underline{h}_A)$ zu bestimmen, der in Bezug auf alle Punkte von G zulässig ist. Da G im vorliegenden Beispiel eine eindimensionale Punktmannigfaltigkeit darstellt, die sich mit der Abkürzung

$$\underline{x}_{RAND} = \begin{bmatrix} 1 \\ 0 \\ 0 \end{bmatrix} \tag{220}$$

auch in der Form (204) schreiben läßt, wurde der gesuchte Vektor $\underline{k}_A = \underline{k}(\underline{h}_A)$ nach dem Verfahren bestimmt, das im Anschluß an Gl.(204) angegeben worden ist. Der resultierende Parametervektor $\underline{h}_A$ wurde in den eigentlichen Regelalgorithmus (Bild 20) als Anfangswert eingeführt. Damit nimmt dieser Algorithmus von einem linearen Steuergesetz, und zwar von

$$u = -\underline{k}_A^T \underline{x} \tag{221}$$

seinen Ausgang, das - aufgefaßt als fester linearer Regler - in Bezug auf alle Punkte von G zulässig ist und im Sinne des Güteintegrals eine gute Anfangsnäherung darstellt. Für den zeitlichen Abstand Δt wurde beim Ablauf des Regelalgorithmus ein Wert von $\Delta t = 0{,}1$ Zeiteinheiten gewählt.

In Bild 22 ist dargestellt, welche Verläufe der Zustandsgrößen x_1, x_2 und x_3 sowie der Steuergröße u resultieren, wenn die vorliegende Regelstrecke mit dem beschriebenen Regelalgorithmus entsprechend Bild 15 zu einem geregelten Gesamtsystem zusammengeschaltet wird, für das im Zeitpunkt $t_o = 0$ die Anfangsauslenkung $\underline{x}_{RAND}$ vorgegeben wird. Ersichtlich läuft die Trajektorie $\underline{x}(t)$ unter Einhaltung der Beschränkung $|u(t)| \leq 2$ in den Ursprung ein,und es wird der für die Steuergröße zugelassene Bereich auch dann noch verhältnismäßig gut ausgeschöpft, wenn sich die Trajektorie dem Ursprung bereits beträchtlich genähert hat.

Bild 23 zeigt die entsprechenden Verläufe der Größen x_1 und u, die sich für eine Reihe von Anfangsauslenkungen der Form $\underline{x}_o = a\underline{x}_{RAND}$ bei unterschiedlichen Werten des Parameters a ergeben. In den Kurven des oberen Teilbildes ist jeweils durch einen Kreis markiert, wann die Größe $x_1(t)$ erstmals auf 5% ihres Anfangswertes abgefallen ist. Diese Abklingzeiten nehmen ersichtlich mit kleiner werdender Anfangsauslenkung deutlich ab. (Demgegenüber stimmen diese Abklingzeiten bei Verwendung eines festen linearen Steuergesetzes als Regler für sämtliche Werte von a überein, und zwar ergibt sich für das lineare Steuergesetz (221), das in Bezug

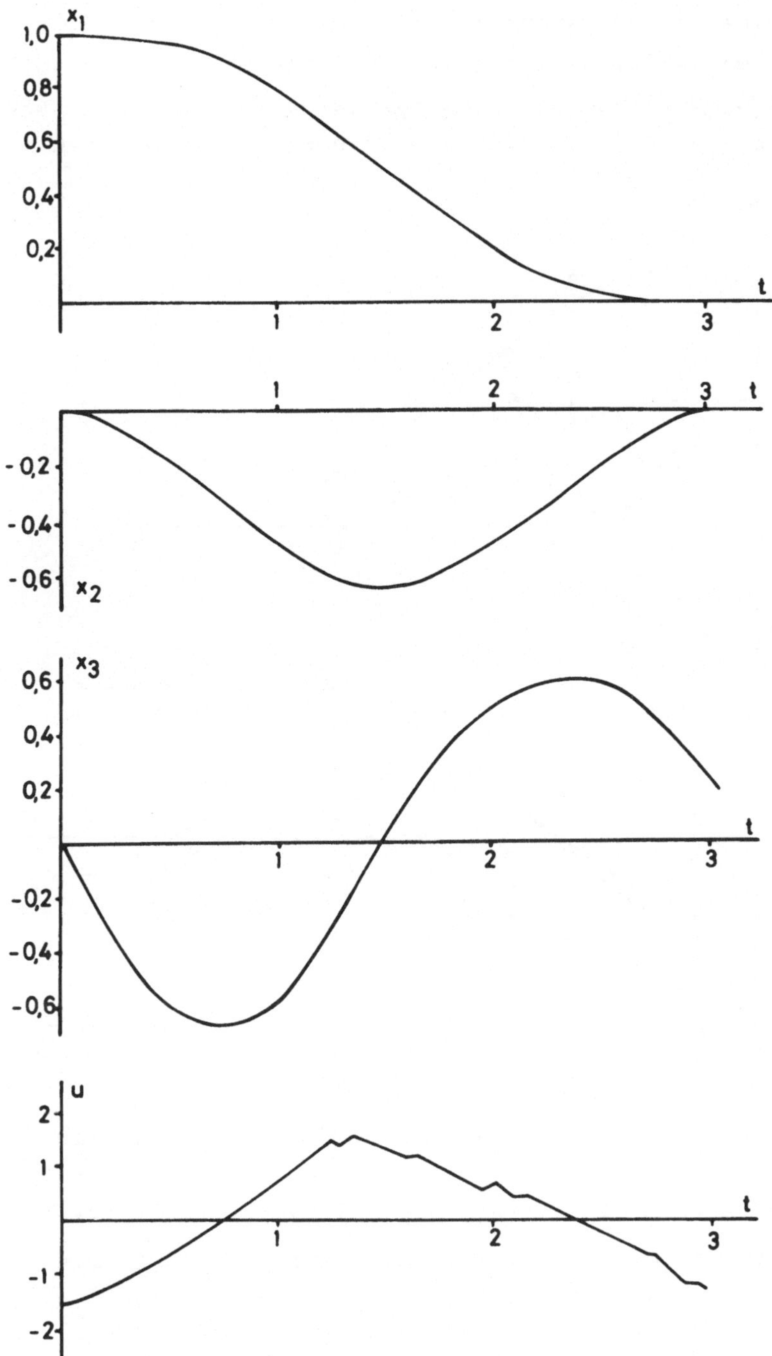

Bild 22 Verläufe der Zustandsgrößen x_1, x_2 und x_3 sowie der Steuergröße u, die bei Anwendung des vorliegenden Regelalgorithmus auf die Regelstrecke $1/s^3$ im Falle der Anfangsauslenkung $\underline{x}_o = \underline{x}_{RAND}$ resultieren

auf ganz G zulässig und suboptimal ist, ein Wert, der größer als 2,5 ist.) Im unteren Teilbild sind (mit abweichendem Zeitmaßstab!) die zugehörigen Anfangsverläufe der Steuergröße dargestellt. Es zeigt sich, daß der Bereich $|u| \leq 2$, der für die Steuergröße zugelassen ist, in

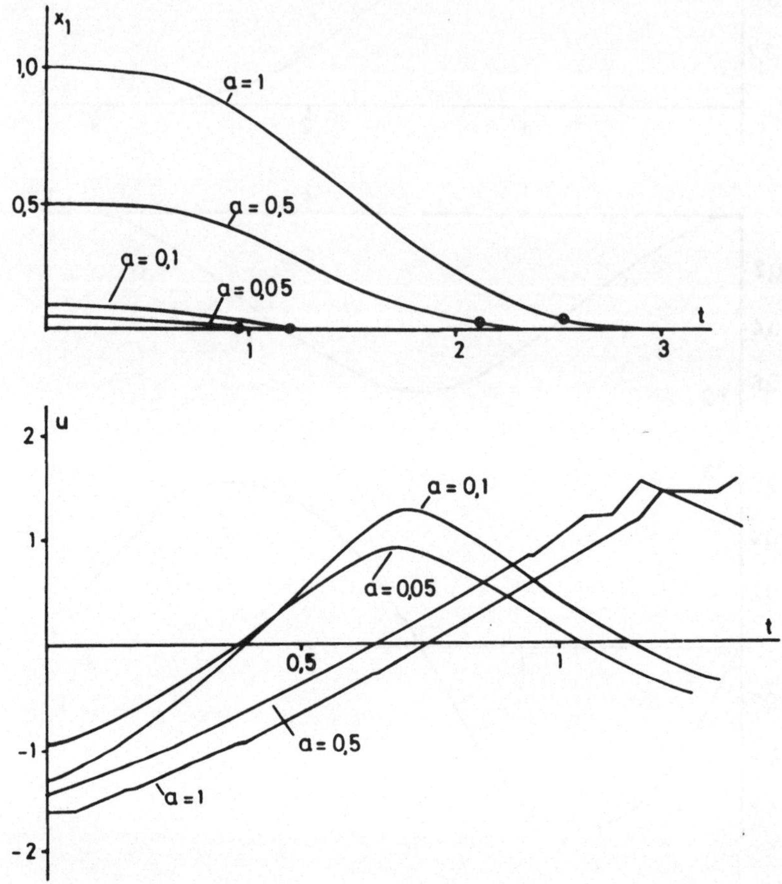

Bild 23 Verläufe der Zustandsgröße x_1 und der Steuergröße u, die bei Anwendung des vorliegenden Regelalgorithmus auf die Regelstrecke $1/s^3$ im Falle unterschiedlicher Anfangsauslenkungen von der Form $\underline{x}_o = a\underline{x}_{RAND}$ resultieren

allen Fällen ungefähr gleichgut ausgeschöpft wird. Demgegenüber würde ein festes lineares Steuergesetz aufgrund von Gl.(53) zu Verläufen der Steuergröße führen, die um die Faktoren a voneinander verschieden sind. Bei Verwendung des linearen Steuergesetzes (221) als fester linearer Regler würde sich daher z.B. für die Anfangsauslenkung $\underline{x}_o = 0{,}05\underline{x}_{RAND}$, d.h. für a = 0,05, ein Verlauf der Steuergröße ergeben, bei dem höchstens 5% des zugelassenen Höchstbetrages ausgenutzt werden.

In Bild 24 ist in der komplexen Ebene dargestellt, wie sich beim Ablauf des Regelalgorithmus die Eigenwerte der Matrix $\underline{\hat{A}} = \underline{A} - \underline{b}\,\underline{k}_i^T$ längs der Trajektorien ändern, und zwar im oberen Teilbild für den Fall a = 1 und im unteren für a = 0,1. Die Eigenwertkonfigurationen, die zu den Anfangspunkten der Trajektorien gehören, sind jeweils durch "t = 0" und die später auftretenden Konfigurationen durch entsprechend andere Zeitmarken markiert. Ersichtlich nimmt der Betrag der negativen Realteile dieser Eigenwerte mit fortschreitender Zeit i.a. zu, d.h., das jeweils aktuelle lineare System $\dot{\underline{x}} = \underline{\hat{A}}\,\underline{x}$ wird im konventionellen Sinne um so "schneller", je mehr sich die Trajektorien dem Ursprung nähern.

Diese Simulationsergebnisse illustrieren den prinzipiellen Gewinn, der sich mit dem vorliegenden Regelalgorithmus gegenüber der Verwendung eines festen linearen Steuergesetzes als Regler ergibt. Für eine genauere Untersuchung bietet es sich an, den vorliegenden (nichtlinearen) Regelalgorithmus im Sinne des verwendeten Güteintegrals mit dem festen linearen Regler (221) zu vergleichen. Werden die Werte dieses Güteintegrals, die zu der Anfangsauslenkung $\underline{x}_o = a\underline{x}_{RAND}$ gehören, im ersten Fall mit $J_{NL}(a)$ und im zweiten Fall mit $J_L(a)$ bezeichnet, so kann der Quotient $J_{NL}(a)/J_L(a)$ als geeignetes Vergleichsmaß betrachtet werden. Der durch Simulation ermittelte Verlauf dieses Quotienten wird in Bild 25 für unterschiedliche Werte von a durch die ausgezogene Kurve dargestellt. Es zeigt sich, daß der vorliegende Regelalgorithmus gegenüber dem festen linearen Regler bei allen Anfangsauslenkungen zu einem nennenswerten und insbesondere bei kleinen Anfangsauslenkungen zu einem beträchtlichen Gütegewinn führt.

Dieser Gewinn wird noch wesentlich größer, wenn für G anstelle einer eindimensionalen eine mehrdimensionale Punktmannigfaltigkeit, z.B. eine Kugel mit Radius 1 vorgegeben ist. Ein lineares Steuergesetz $u = -\underline{k}^T\underline{x}$, mit dem der vorliegende Regelalgorithmus sinnvollerweise zu vergleichen wäre, müßte dann nämlich so ausgelegt sein, daß es in dieser erweiterten Umgebung zulässig ist und dort "im Mittel" zu einem möglichst geringen Wert des Güteintegrals führt. Dieses Steuergesetz würde daher für Trajektorien, die speziell auf der x_1-Achse starten, für das Güteintegral größere Werte liefern als das Steuergesetz (221), das von vornherein nur auf dort startende Trajektorien abgestimmt ist. Dieser Sachverhalt läßt sich umgekehrt auch dadurch illustrieren, daß der vorliegende Regelalgorithmus im Vergleich zum festen linearen Regler (221) nochmals wesentlich besser ist, wenn man von Anfangsauslenkungen ausgeht, die *nicht* auf der x_1-Achse gelegen sind. Hierzu ist in Bild 25 gleichzeitig der Quotient J_{NL}/J_L für eine Reihe von willkürlich gewähl-

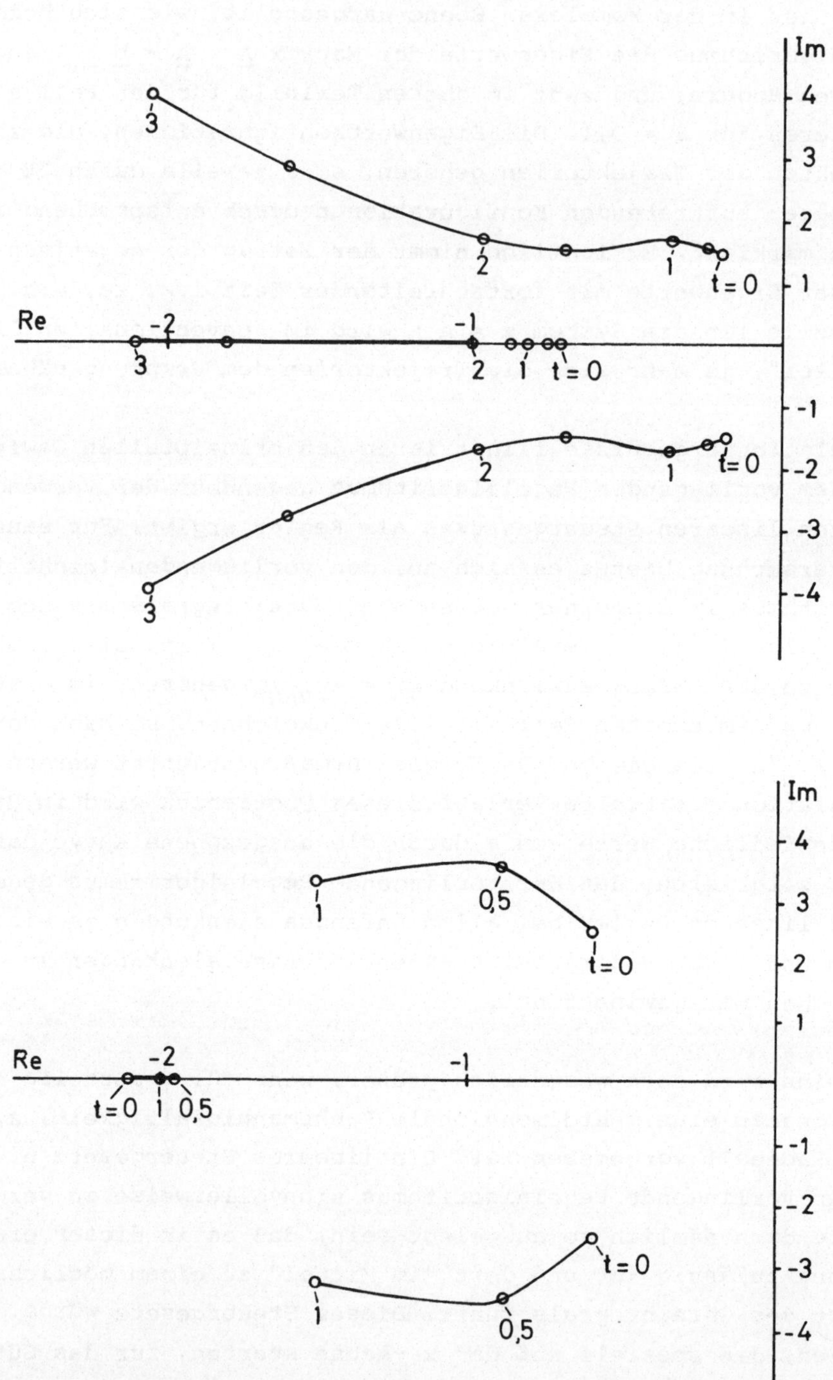

Bild 24 Eigenwertkonfigurationen, die zu den Trajektorienverläufen aus Bild 23 zu a = 1 (oberes Teilbild) und zu a = 0,1 (unteres Teilbild) gehören

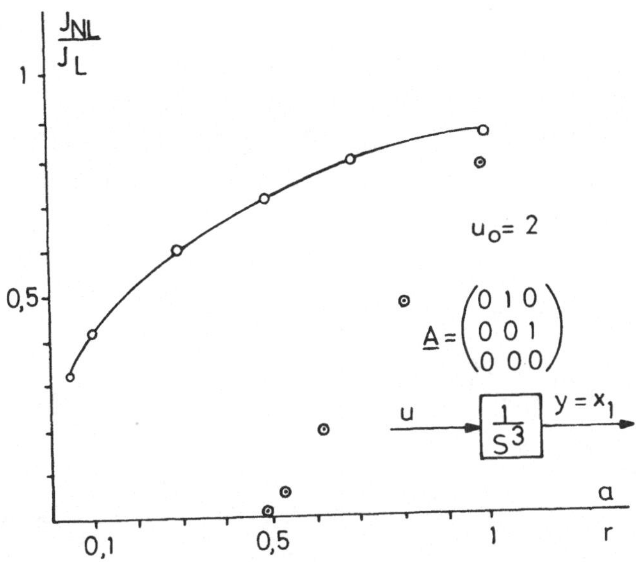

Bild 25 Verlauf des Quotienten J_{NL}/J_L für Anfangsauslenkungen der Form $\underline{x}_o = \underline{a}\ \underline{x}_{Rand}$ in Abhängigkeit von a (ausgezogene Kurve) sowie für einige willkürlich gewählte Anfangsauslenkungen $\underline{x}_o$, die nicht von dieser Form sind, aufgetragen über $r = |\underline{x}_o|$

ten Anfangsauslenkungen $\underline{x}_o$ über der Entfernung $r = |\underline{x}_o|$ dieser Punkte vom Ursprung eingetragen. Es zeigt sich, daß der Quotient J_{NL}/J_L in diesem Fall noch wesentlich niedrigere Werte als für Anfangsauslenkungen annimmt, die auf der x_1-Achse gelegen sind (Für kleine Werte von r wird dieser Quotient im vorliegenden Beispiel so klein, daß er mit dem in Bild 25 gewählten Maßstab nicht mehr darstellbar ist).

Entsprechende Simulationsergebnisse wurden unabhängig von der Systemordnung regelmäßig erhalten. Zur Illustration sind in Bild 26 für eine Reihe unterschiedlicher Systeme die Quotienten $J_{NL}(a)/J_L(a)$ aufgetragen, die wie im vorigen Beispiel gebildet sind. Für G wurde stets das auf der x_1-Achse gelegene Intervall $G = \{\underline{x} \,|\, |x_1| \leq 1\}$ zugrundegelegt. Das war der ungünstigste Fall für die Illustration des Gewinns, der sich mit dem vorliegenden Regelalgorithmus gegenüber einem festen linearen Steuergesetz ergibt. Es wurde jeweils von Regelstrecken (1) ausgegangen, die bereits in der Steuerungs-Normalform (12) gegeben sind. Die zugehörigen Systemmatrizen $\underline{A}$ und Übertragungsfunktionen G(s) sowie der Wert von u_o, der jeweils als Maximalbetrag für die Steuergröße zugelassen ist, sind in den Teilbildern eingetragen. Als Güteintegral wurde in allen

Fällen das Integral $\int_{t_0}^{\infty} x_1^2 dt$ gewählt. Von den aufgeführten Systemen stimmt eines - bis auf den Faktor θ - mit dem System (21) überein, das sich für das Beispiel des Flugkörpers ergab. Das andere System zweiter Ordnung stellt einen ungedämpften harmonischen Oszillator dar. Ferner handelt es sich um ein instabiles System dritter Ordnung und um ein System vierter Ordnung, das aus vier hintereinandergeschalteten Integratoren besteht.

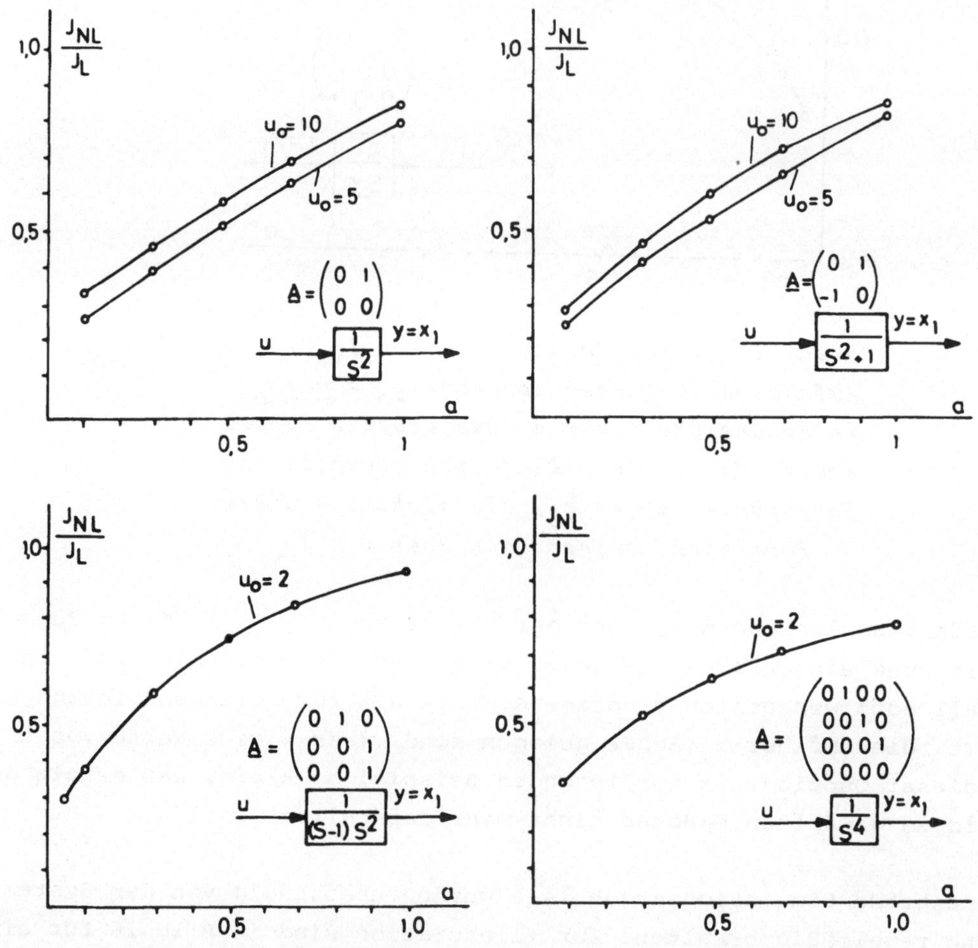

Bild 26 Verlauf des Quotienten J_{NL}/J_L für Anfangsauslenkungen der Form $\underline{x}_o = a\,\underline{x}_{RAND}$ in Abhängigkeit von a für eine Reihe weiterer Regelstrecken. Die zugehörigen Systemmatrizen $\underline{A}$ und Übertragungsfunktionen G(s) sowie der Maximalbetrag u_o, der für die Steuergröße zugelassen ist, sind in den jeweiligen Teilbildern angegeben.

In den genannten Beispielen wurde auch der Fall simuliert, daß außer einer Beschränkung $|u(t)| \leq u_o$ für die Steuergröße eine weitere Beschränkung $|d(t)| \leq d_o$ für eine Linearkombination $d(t) = \underline{w}^T\underline{x}(t)$ der Zustandsgrößen vorgegeben ist. In diesem Fall führt der vorliegende Regelalgorithmus zu einem entsprechenden Systemverhalten, jedoch stellt sich heraus, daß der für die Größe d(t) zugelassene Maximalbetrag d_o in der Regel nicht so gut wie der maximal zulässige Steuergrößenbetrag ausgeschöpft wird. Dieses unterschiedliche Verhalten hängt damit zusammen, daß d(t) als *feste* Funktion der Zustandsgrößen prinzipiell stetig verläuft, während die Steuergröße u(t) abschnittweise durch ein lineares Steuergesetz $u = -\underline{k}_i^T\underline{x}$ gebildet wird, so daß in den Zeitpunkten t_i sprunghafte Änderungen der Steuergröße möglich sind. Für beide Grössen wird die Ausnutzung der zugelassenen Maximalbeträge noch verbessert, wenn die verwendeten Schranken $S(\underline{x},\underline{k})$ und $S'(\underline{x},\underline{k})$ durch die in Abschnitt 23 hergeleiteten ersetzt werden oder wenn der Regelalgorithmus entsprechend Fußnote 2 auf S. 73 abgeändert wird.

V Modifikationen und Erweiterungen des Syntheseverfahrens

In den folgenden Abschnitten werden eine Reihe von Modifikationen und Erweiterungen des beschriebenen Syntheseverfahrens skizziert, die zu einer einfacheren technischen Realisierung bzw. zu einem verbesserten Systemverhalten führen.

21. Vorauswahl von endlich vielen Vektoren $\underline{\hat{k}}_s$

Der beschriebene Regelalgorithmus basierte darauf, daß in gewissen Zeitpunkten t_i aus der *kontinuierlichen* Schar aller Vektoren $\underline{k} = \underline{k}(\underline{h})$ ein geeigneter Vektor $\underline{k}_i = \underline{k}(\underline{h}_i)$ ausgewählt wird. Dieser Auswahlprozeß läßt sich *ohne Anwendung eines Gradientenverfahrens* und daher wesentlich einfacher realisieren, wenn man stattdessen *endlich viele* Vektoren

$$\underline{\hat{k}}_o = \underline{k}(\underline{\hat{h}}_o),\ \underline{\hat{k}}_1 = \underline{k}(\underline{\hat{h}}_1),\ \dots,\ \underline{\hat{k}}_r = \underline{k}(\underline{\hat{h}}_r) \tag{222}$$

zugrundelegt und unter diesen jeweils denjenigen bestimmt, der bezüglich des gerade erreichten Trajektorienpunktes $\underline{x}_i = \underline{x}(t_i)$ zulässig und im Sinne des Güteintegrals (165) der beste ist.

Zunächst soll angegeben werden, auf welche Weise sich eine geeignete Vorauswahl von endlich vielen Vektoren $\underline{\hat{k}}_s$ treffen läßt. Einerseits kommt es darauf an, daß es zu jedem Punkt $\underline{x}$ der interessierenden Umgebung G bzw. $\tilde{G}$ (vergl. Abschn. 19) *mindestens einen* Vektor $\underline{\hat{k}}_s$ gibt, der bezüglich $\underline{x}$ zulässig ist, und andererseits sollen die Vektoren $\underline{\hat{k}}_s$ in Bezug auf ganz G bzw. $\hat{G}$ im Sinne des Güteintegrals (165) zweckmäßig gewählt sein. Hierzu kann man den interessierenden Bereich G bzw. $\tilde{G}$ durch ein Punktgitter überdecken, wie es in Bild 27 für ein zweidimensionales Beispiel dargestellt ist. Handelt es sich um insgesamt M Gitterpunkte $\underline{x}_j$, die in G bzw. $\tilde{G}$ gelegen sind, so stellt der über diese Punkte erstreckte Mittelwert

$$J(\underline{k}(\underline{\hat{h}}_o)\ ,\ \underline{k}(\underline{\hat{h}}_1)\ ,\ \dots\ ,\ \underline{k}(\underline{\hat{h}}_r)) =$$

$$\frac{1}{M}\sum_{j=1}^{M}\Big[\rho(\underline{x}_j)\ \underset{s}{\mathrm{Min}}\ J(\underline{x}_j,\underline{k}(\underline{\hat{h}}_s))\Big] \tag{223}$$

$$s:\left\{\begin{array}{l} s \in \{0,1,\dots,r\} \\ \hat{F}(\underline{x}_j,\underline{k}(\underline{\hat{h}}_s)) = 0 \end{array}\right.$$

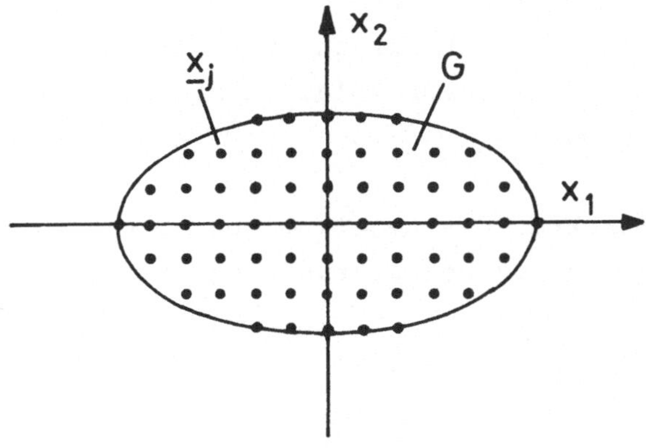

Bild 27 Zweidimensionales Beispiel für ein Punktgitter, das eine vorgegebene Umgebung G überdeckt

ein Gütemaß dar, das den genannten Gesichtspunkten Rechnung trägt. Dieser Mittelwert ist nämlich so gebildet, daß für jeden Gitterpunkt $\underline{x}_j$ der kleinste Wert des Güteintegrals (165) eingeht, der mit einem der Vektoren $\underline{k}(\underline{\hat{h}}_s)$ erhältlich ist. Für diese Minimumsbestimmung kommen aber natürlich nur solche Vektoren $\underline{k}(\underline{\hat{h}}_s)$ in Betracht, die bezüglich $\underline{x}_j$ zulässig sind, und das ist aufgrund von Gl.(194) sichergestellt, wenn die Nebenbedingung $\hat{F}(\underline{x}_j,\underline{\hat{k}}_s) = 0$ erfüllt ist. In dem Mittelwert treten noch die positiven Gewichtsfaktoren $\rho(\underline{x}_j)$ auf, mit denen sich je nach der Häufigkeitsverteilung der zu erwartenden (in G gelegenen) Störauslenkungen eine unterschiedliche Bewichtung der Gitterpunkte $\underline{x}_j$ vornehmen läßt. Die Bestimmung der gesuchten Vektoren (222) läuft dann darauf hinaus, daß der Ausdruck (223) unter Einhaltung der genannten Nebenbedingungen im n(r+1)-dimensionalen Raum sämtlicher Komponenten der Vektoren $\underline{\hat{h}}_s$ zu minimisieren ist. Der erforderliche Minimisierungsprozeß läßt sich auf numerischem Wege analog zu Abschnitt 17 durchführen. Dabei ist es sinnvoll, als Anfangswerte r+1 Parametervektoren $\underline{h}_{Ao},\underline{h}_{A1},\ldots,\underline{h}_{Ar}$ zu bestimmen, deren Zulässigkeitsgebiete insgesamt G bzw. $\tilde{G}$ überdecken (vergl. Abschnitt 19). Nach Durchführung der numerischen Minimisierungsprozedur, die sich ja streng genommen nicht auf ganz G, sondern nur auf endlich viele Punkte von G stützt, ist es erforderlich, zu überprüfen, ob die Zulässigkeitsgebiete der resultierenden Vektoren (222) tatsächlich - wie es sein muß - insgesamt ganz G bzw. $\tilde{G}$ überdecken. Wenn dies nicht der Fall sein sollte, so bedeutet dies, daß das verwendete Punktgitter nicht hinreichend fein war und daher entsprechend abzuändern ist.

Im Einzelfall kann die Bestimmung der gesuchten Vektoren $\hat{\underline{k}}_o, \hat{\underline{k}}_1, \ldots, \hat{\underline{k}}_r$ nach dem oben angegebenen Verfahren mit beträchtlichem Aufwand verbunden sein. Es ist jedoch zu bemerken, daß die zugehörigen Rechnungen *nur ein einziges Mal*, und zwar vor Ablauf des eigentlichen Regelalgorithmus, auszuführen sind.

In Bild 28 ist die Struktur des Regelkreises dargestellt, zu dem der vorliegende Regelalgorithmus bei Zugrundelegung von endlich vielen Vektoren $\hat{\underline{k}}_s$ führt.

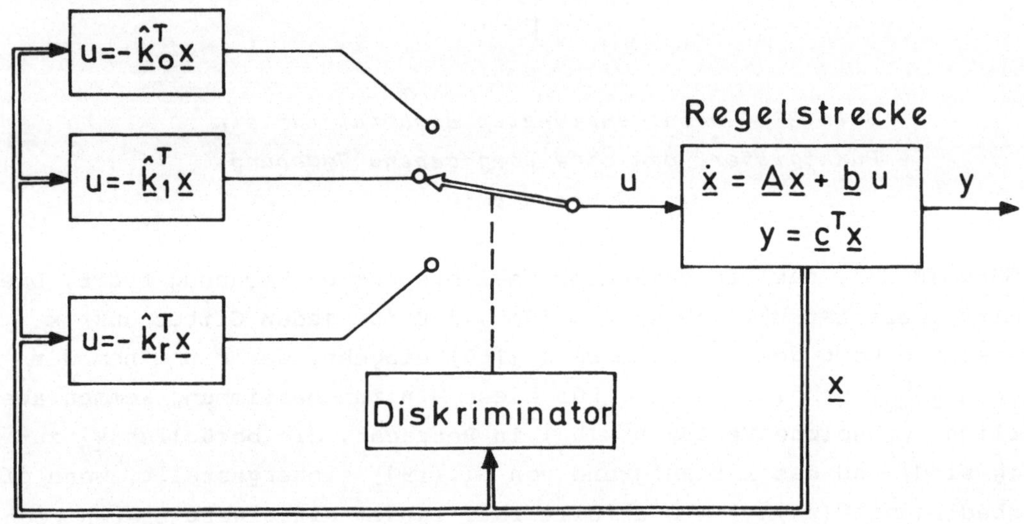

Bild 28 Struktur des Regelkreises, zu dem der vorliegende Regelalgorithmus bei Zugrundelegung von endlich vielen linearen Steuergesetzen führt

Die Aufgabe des Diskriminators besteht darin, in den Zeitpunkten t_i, die durch Gl.(196) gegeben sind, jeweils zu entscheiden, welche der Vektoren $\hat{\underline{k}}_o$, $\hat{\underline{k}}_1$, ..., $\hat{\underline{k}}_r$ bezüglich des gerade aktuellen Zustandsvektors $\underline{x}_i = \underline{x}(t_i)$ zulässig sind, und welcher unter diesen bezüglich $\underline{x}_i$ zu dem kleinsten Wert des Güteintegrals (165) führt. Mit dem betreffenden Vektor $\hat{\underline{k}}_s$ wird dann im Zeitintervall $[t_i, t_i + \Delta t]$ die Steuergröße u gebildet, d.h., es wird für dieses Zeitintervall der lineare Regler $u = -\hat{\underline{k}}_s^T \underline{x}$ eingeschaltet, wie es in Bild 28 angedeutet ist. Die Realisierung des Diskriminators stellt sich als wenig aufwendig dar, da die Kriterien für die Auswahl des einzuschaltenden linearen Reglers mathematisch einfach zu formulieren sind.

Wenn für die Prüfung auf Zulässigkeit von den Ungleichungen (187) und (188) ausgegangen wird, so ergibt sich durch Auswertung der Gln.(154) und (163), daß für jeden verwendeten Vektor $\underline{\hat{k}}_s$ zwei Abfragen der Form

$$\sum_{\nu=1}^{n} |\underline{v}_{s\nu}^T \underline{x}| \leq 1 \quad \text{und} \quad \sum_{\nu=1}^{n} |\underline{v}'^T_{s\nu} \underline{x}| \leq 1 \tag{224}$$

durchzuführen sind. Darin stellt $\underline{x}$ den aktuellen Zustandsvektor dar, während $\underline{v}_{s\nu}$ und $\underline{v}'_{s\nu}$ komplexwertige Vektoren sind, die zu jedem verwendeten Vektor $\underline{\hat{k}}_s$ *vorweg* berechenbar sind. Wenn stattdessen von den analytisch einfacheren, i.a. aber größeren Schranken (153) und (162) ausgegangen wird, dann läuft die Prüfung auf Zulässigkeit für jeden verwendeten Vektor $\underline{\hat{k}}_s$ auf zwei Abfragen der Form

$$\underline{x}^T \underline{H}_s \underline{x} \leq 1 \quad \text{und} \quad \underline{x}^T \underline{H}'_s \underline{x} \leq 1 \tag{225}$$

hinaus. Darin stellen $\underline{H}_s$ und $\underline{H}'_s$ positiv definite reelle symmetrische Matrizen dar, die jeweils wieder *vorweg* berechnet werden können. Schließlich ist der Wert des Güteintegrals $J(\underline{x},\underline{\hat{k}}_s)$, der zu einem Aufpunkt $\underline{x}$ und zu einem Vektor $\underline{\hat{k}}_s$ gehört, aufgrund von Gl.(170) durch eine Beziehung der Form

$$J(\underline{x},\underline{\hat{k}}_s) = \underline{x}^T \underline{R}_s \underline{x} \tag{226}$$

bestimmt. In diesem Ausdruck stellt $\underline{R}_s$ eine positiv definite reelle symmetrische Matrix dar, die wiederum *vorweg* berechenbar ist.

Aus der Einfachheit der Beziehungen (224) bis (226) geht hervor, daß sich die Funktion des oben betrachteten Diskriminators mit Hilfe eines wenig aufwendigen Entscheidungsalgorithmus realisieren läßt. Eine weitere Verringerung des numerischen Aufwandes wird erreicht, wenn in den Beziehungen (225) und (226) davon Gebrauch gemacht wird, daß sich jede reelle symmetrische positiv definite Matrix $\underline{R}$ nach CHOLESKY als Produkt

$$\underline{R} = \underline{L}^T \underline{L} \tag{227}$$

einer nichtsingulären oberen Dreiecksmatrix $\underline{L}$ und ihrer Transponierten darstellen läßt [19].

Es soll jetzt der Rechenaufwand abgeschätzt werden, der erforderlich ist, um aus insgesamt r+1 Vektoren $\underline{\hat{k}}_s$ denjenigen auszuwählen, der in

Bezug auf einen bestimmten Punkt $\underline{x}$ zulässig ist und der zu dem kleinsten Wert des Güteintegrals führt. Hierzu wird der Fall betrachtet, daß nur für die Steuergröße eine Beschränkung vorgegeben ist, und es wird für die Zulässigkeitsprüfung die aufwendigere der beiden hergeleiteten Schranken und somit die erste der beiden Beziehungen (224) zugrunde gelegt. In diesem Fall ergibt sich, daß die resultierende Anzahl N_{op} der erforderlichen Rechenoperationen (im wesentlichen Additionen und Multiplikationen) sowie die Anzahl N_{dat} der Daten, die zu speichern sind, näherungsweise durch die Beziehungen

$$\begin{aligned} N_{op} &\approx 5(n^2+n)(r+1) \\ N_{dat} &\approx \frac{5}{2}n^2(r+1) \end{aligned} \qquad (228)$$

gegeben sind. Darin stellen n bzw. (r+1) die Systemordnung bzw. die Anzahl der verwendeten Vektoren $\hat{\underline{k}}_s$ dar. Was diese Zahlen im Einzelfall bedeuten, geht aus der nachfolgenden Tabelle hervor.

n	r+1	N_{op}	N_{dat}
2	5	150	50
3	5	300	115
4	5	500	200
5	4	600	250
6	4	840	360

Es zeigt sich, daß für die Realisierung des vorliegenden Regelalgorithmus im Zusammenhang mit einer realen Regelstrecke, d.h. im "on-line"-Betrieb, auch bei Systemen höherer Ordnung ein bescheidener Digitalrechner ausreichend ist. Werden für die Zulässigkeitsprüfung die schärferen, aber analytisch einfacheren Forderungen (225) zugrunde gelegt, so ist zu erkennen, daß die resultierenden Regler bei niedriger Systemordnung auch mit Hilfe konventioneller analoger Rechenelemente mit vertretbarem Aufwand zu realisieren sind.

In Kapitel VI wird ein modifiziertes Syntheseverfahren beschrieben, das ebenfalls auf das in Bild 28 gezeigte Strukturbild führt.

22. Berücksichtigung von Unvollständigkeit der Information über die Regelstrecke

Das vorliegende Syntheseverfahren zielt in seiner bisherigen Form unmittelbar auf die Lösung der oben formulierten Grundaufgabe ab, und zwar ohne *explizit* der Tatsache Rechnung zu tragen, daß die Information über die Regelstrecke im Sinne von Abschnitt 11 eventuell unvollständig ist. Es ist aber möglich, das Syntheseverfahren so zu modifizieren, daß sich der Einfluß von Parameterunsicherheiten, von Fehlern bei der Messung des Zustandsvektors sowie von ständig wirksamen unbekannten äußeren Störungen *in systematischer Weise* verringern läßt.

Eine Reduktion des Einflusses von Parameterunsicherheiten und Fehlern bei der Messung des Zustandsvektors wird dadurch ermöglicht, daß der Wert des Güteintegrals (165) entsprechend Gl.(191) als explizite Funktion der Größen $\underline{A}$, $\underline{b}$ und $\underline{x}$ vorliegt. Wenn diese Größen nämlich in dem Sinne unsicher sind, daß anstelle ihrer exakten Werte nur ihre Wahrscheinlichkeitsverteilungen bekannt sind, so besteht die adäquate Modifikation des vorliegenden Syntheseverfahrens darin, daß anstelle des Güteintegrals (165) der resultierende *Erwartungswert des Güteintegrals* eingeführt wird. Dieses Verfahren bereitet insofern keine Schwierigkeiten, als dieser Erwartungswert aufgrund von Gl.(191) berechenbar ist.

In ähnlicher Weise kann bei unbekannten konstanten Störungen vorgegangen werden, wenn die zugehörige Wahrscheinlichkeitsverteilung vorliegt. In diesem Fall muß man allerdings berücksichtigen, daß die Trajektorie eines stabilen Systems (1) bei einer konstanten äußeren Störung in einen von $\underline{0}$ verschiedenen Punkt $\underline{x}_c$ einläuft (Gl.(18)), so daß der Wert des Güteintegrals (165) nicht endlich ist. Man erhält aber ein brauchbares Gütemaß, wenn man das Güteintegral auf die Trajektorie $\underline{\tilde{x}}(t) = \underline{x}(t) - \underline{x}_c$ bezieht und gleichzeitig der Größe der Endabweichung $\underline{x}_c$ Rechnung trägt.

23. Verbesserte Schranken

In Abschnitt 16.2 wurde für die Herleitung der Schranken $S_{T_o}(\underline{x}_o,\underline{k})$ und $S(\underline{x}_o,\underline{k})$ vorausgesetzt, daß die Eigenwerte der Matrix $\underline{\hat{A}}$ paarweise voneinander verschieden sind. Anderenfalls stimmen nämlich in der VANDERMONDEschen Matrix $\underline{T}_o$ zwei Spalten miteinander überein, so daß ihre Determinante, die bei der Berechnung ihrer Inversen $\underline{T}_o^{-1}$ im Nenner erscheint, den Wert Null besitzt (Gl.(121) u. (159)). Hieraus ergibt sich aber, daß die Komponenten des Vektors $\underline{T}_o^{-1}\underline{x}_o$, der in die hergeleiteten Schranken eingeht, sehr große Beträge annehmen können, wenn die Eigenwerte der Matrix $\hat{\underline{A}}$ zwar paarweise voneinander verschieden, aber zum Teil relativ *eng benachbart* sind. In diesem Fall können daher die Schranken (153) und (154) zu relativ großen Werten, d.h. zu schlechten Abschätzungen (155) führen. Beim vorliegenden Regelalgorithmus wurde das Güteintegral $J(\underline{x},\underline{k}(\underline{h}))$ unter Einhaltung der Nebenbedingung $S(\underline{x},\underline{k}(\underline{h})) \leq u_o$ bzw. $S_{T_o}(\underline{x},\underline{k}(\underline{h})) \leq u_o$ minimisiert. Wenn die dabei verwendeten Schranken schlecht sind, bedeutet dies, daß der resultierende Verlauf der Steuergröße viel stärker beschränkt wird, als es tatsächlich erforderlich ist. Daraus läßt sich schließen, daß Vektoren $\underline{k}$, die zu relativ eng benachbarten Eigenwerten in der Matrix $\hat{\underline{A}}$ führen, i.a. auch zu relativ großen Werten $J(\underline{x},\underline{k})$ führen. Derartige Vektoren $\underline{k}$ stellen somit bei der Minimisierung des Güteintegrals *benachteiligte Konkurrenten* dar. Der Regelalgorithmus läuft dementsprechend so ab, daß eng benachbarte Eigenwerte in der Matrix $\hat{\underline{A}}$ und daher schlechte Schranken - im Rahmen der Möglichkeiten - automatisch vermieden werden.

Wenn allerdings die vorgegebene Matrix $\underline{A}$ bereits mehrfache Eigenwerte besitzt und wenn der Maximalbetrag u_o, der für die Steuergröße zugelassen ist, relativ gering ist, so daß nur wenig Freiheit für die Wahl der Eigenwerte in der Matrix $\hat{\underline{A}}$ besteht, dann lassen sich Matrizen $\hat{\underline{A}}$ mit eng benachbarten Eigenwerten u.U. nicht vermeiden. In solchen Fällen ist dann der resultierende Steuergrößenverlauf stärker als erforderlich eingeschränkt. Dieser Nachteil läßt sich vermeiden, wenn man über eine Schranke verfügt, die auch noch bei mehrfachen Eigenwerten in der Matrix $\hat{\underline{A}}$ zu brauchbaren Abschätzungen führt. Im folgenden wird ohne Beweis angegeben, daß sich eine derartige Schranke tatsächlich angeben läßt [20] .

Schrankensatz 2

Es sei $\underline{k}$ ein Vektor, der zu einer stabilen Matrix $\hat{\underline{A}} = \underline{A}-\underline{b}\,\underline{k}^T$ führt, und $\underline{x}(t)$ sei die Trajektorie des Systems $\dot{\underline{x}} = \hat{\underline{A}}\,\underline{x}$, die in $\underline{x}_o = \underline{x}(t_o)$ startet. Dann ist der Betrag der Größe $u(t) = -\underline{k}^T\underline{x}(t)$ für alle $t \geq t_o$ durch den Ausdruck

$$S_o(\underline{x}_o,\underline{k}) = \underset{\underline{L}}{\text{infimum}} \sqrt{\underline{k}^T\underline{H}^{-1}(\underline{L})\underline{k}\cdot\underline{x}_o^T\underline{H}(\underline{L})\underline{x}_o} \tag{229}$$

nach oben beschränkt, worin sich die untere Grenze, d.h. das infimum, auf sämtliche reelle obere Dreiecksmatrizen $\underline{L}$ mit nichtverschwindenden

Diagonalelementen bezieht, während die Matrix $\underline{H}(\underline{L})$ als eindeutige Lösung der Gleichung

$$\underline{\hat{A}}^T\underline{H} + \underline{H}\,\underline{\hat{A}} = -\,\underline{L}^T\underline{L} \tag{230}$$

definiert ist. Diese Schranke $S_o(\underline{x}_o,\underline{k})$ stellt im Sinne der Ungleichung

$$|u(t)| \leq S_o(\underline{x}_o,\underline{k}) \leq S(\underline{x}_o,\underline{k}) \leq S_{T_o}(\underline{x}_o,\underline{k}) \tag{231}$$

eine bessere Schranke als die oben hergeleiteten dar und weist wie diese die dort angegebene Monotonieeigenschaft auf.

Gegenüber den oben hergeleiteten Schranken zeichnet sich die Schranke (229) noch insofern aus, als die Matrix $\underline{\hat{A}}$ und damit die zugrundeliegende Systemmatrix $\underline{A}$ nicht notwendig in der Gestalt einer Begleitmatrix (97) vorliegen müssen. Ferner ist die Kenntnis der Eigenwerte von $\underline{\hat{A}}$ zur Berechnung der Schranke $S_o(\underline{x}_o,\underline{k})$ nicht vorausgesetzt. Auf der anderen Seite geht aus Gl.(229) hervor, daß die explizite Berechnung dieser Schranke im Vergleich zu den oben hergeleiteten Schranken wesentlich aufwendiger ist, weil man i.a. darauf angewiesen ist, die untere Grenze bezüglich $\underline{L}$ auf numerischem Wege zu bestimmen.

Es sei noch erwähnt, daß sich aus der Schranke $S_o(\underline{x}_o,\underline{k})$ entsprechend Abschnitt 16.3 unmittelbar ein Ausdruck $S_o'(\underline{x}_o,\underline{k})$ ableiten läßt, der eine Schranke für Größen der Form $d(t) = \underline{w}^T\underline{x}(t)$ darstellt.

24. Übertragung auf Mehrgrößensysteme

Das vorliegende Syntheseverfahren läßt sich auch auf Mehrgrößensysteme (16) übertragen, wenn es um die Überführung von Anfangsauslenkungen $\underline{x}_o$ in die Ruhelage $\underline{x} = \underline{0}$ unter Einhaltung von Beschränkungen geht. Und zwar tritt bei derartigen Systemen an die Stelle der skalaren Steuergröße u der Steuervektor $\underline{u}$, für dessen Komponenten u_j Beschränkungen der Form $|u_j(t)| \leq u_{jo}$ vorgegeben seien. In diesem Fall wird in sinngemäßer Verallgemeinerung von Gl.(94) das lineare Steuergesetz

$$u(t) = -\,\underline{K}^T\underline{x}(t) \tag{232}$$

angesetzt. Darin stellt $\underline{K}$ eine Matrix dar, deren Anzahl der Zeilen durch die Systemordnung und deren Anzahl der Spalten durch die Zahl der Komponenten des Steuervektors gegeben ist.

Das Syntheseverfahren läuft wieder darauf hinaus, daß in den aufeinanderfolgenden Zeitintervallen $[t_i, t_{i+1}]$ unterschiedliche lineare Steuergesetze der Form (232) verwendet werden. Dabei ist jeweils die aktuelle Matrix $\underline{K}$ so zu wählen, daß sie zulässig bezüglich $\underline{x}(t_i)$ ist und im System

$$\dot{\underline{x}} = (\underline{A}-\underline{B}\ \underline{K}^T)\underline{x} = \hat{\underline{A}}\ \underline{x} \tag{233}$$

vom Punkt $\underline{x}(t_i)$ aus zu einem möglichst kleinen Wert des Güteintegrals (165) führt. Die explizite Berechnung dieses Wertes läuft wieder über die Beziehung (170), und auch das beschriebene Verfahren zur Prüfung auf Zulässigkeit läßt sich mit einer gewissen Modifikation auf Mehrgrößensysteme übertragen.

In Analogie zu Abschnitt 16 ist eine Matrix $\underline{K}$ im vorliegenden Fall als zulässig bezüglich eines Punktes $\underline{x}(t_i)$ zu bezeichnen, wenn das zugehörige System (233) asymptotisch stabil ist und wenn längs der Trajektorie dieses Systems, die in $\underline{x}(t_i)$ startet, alle vorgegebenen Beschränkungen eingehalten werden. Die zu beschränkenden Größen - nämlich die Komponenten des Steuervektors $\underline{u}$ und eventuelle zusätzliche Größen der Form $d(t) = \underline{w}^T\underline{x}(t)$ - sind im System (233) wie im Falle des Systems (95) sämtlich Linearkombinationen der Zustandsgrößen. Daher kann für die Prüfung auf Zulässigkeit *im Prinzip* wieder von den oben hergeleiteten Schranken ausgegangen werden.

Es ergibt sich aber insofern eine Schwierigkeit, als die Matrix $\underline{K}$ im System (233) nicht eindeutig durch die Eigenwerte von $\hat{\underline{A}}$ festgelegt ist. (Bei einem vollständig steuerbaren Eingrößensystem (1) ergab sich in Abschnitt 16.1, daß zu jeder beliebigen Eigenwertkonfiguration von $\hat{\underline{A}}$ genau ein Vektor $\underline{k}$ gehört, der hier *einer* Spalte von $\underline{K}$ entspricht.) Deshalb läßt sich die Parameterdarstellung (96) aller Vektoren $\underline{k}$, die zu stabilen Matrizen $\hat{\underline{A}}$ führen, nicht unmittelbar auf Mehrgrößensysteme übertragen. Man kann aber einen Ersatz schaffen, indem man bei der numerischen Minimisierung des Güteintegrals *unmittelbar die Elemente der Matrix* $\underline{K}$ variiert. Dabei ist eine Nebenbedingung zu berücksichtigen, die wie Gl.(194) die Einhaltung der geforderten Beschränkungen sicherstellt. Ferner muß die Stabilität der resultierenden Matrizen $\hat{\underline{A}}$ gewährleistet sein. Man könnte hierfür eine Bedingung formulieren, die sich z.B. auf das ROUTHsche Stabilitätskriterium stützt [21]. Es ist aber möglich, sich vollständig von einer solchen Nebenbedingung zu befreien. Wenn man nämlich anstelle des Güteintegrals (165) das Gütemaß

$$\bar{J}(\underline{x}(t_o),\underline{K}) = \int_{t_o}^{\infty} \underline{x}^T\underline{Q}\,\underline{x}\,dt + \alpha\,\mathrm{Spur}(\underline{R}) \tag{234}$$

verwendet, in dem α eine positive Konstante und die Matrix $\underline{R}$ durch Gl. (174) gegeben ist, dann gilt aufgrund von Abschnitt 16.4 zunächst

$$\bar{J}(\underline{x}(t_o),\underline{K}) = \underline{x}^T(t_o)\underline{R}\underline{x}(t_o) + \alpha\,\mathrm{Spur}(\underline{R}) \quad . \tag{235}$$

Der erste Term auf der rechten Seite von Gl.(234) und somit auch von Gl.(235) nimmt für *geeignete* Anfangswerte $\underline{x}(t_o)$ mit Sicherheit relativ große Werte an, wenn gewisse Eigenwerte der Matrix $\hat{\underline{A}}$ in der Nähe der Stabilitätsgrenze liegen. In diesem Fall ist also mindestens ein Eigenwert der Matrix $\underline{R}$ relativ groß. Dasselbe gilt dann natürlich auch für die Summe aller (positiven) Eigenwerte von $\underline{R}$, die sich bekanntlich als Summe ihrer Diagonalelemente,d.h. als Spur ($\underline{R}$), auf einfache Weise berechnen läßt. Das Gütemaß (234) nimmt daher für derartige Matrizen $\hat{\underline{A}}$ bei *beliebigen* Anfangswerten $\underline{x}(t_o)$ in jedem Fall relativ große Werte an. Matrizen $\underline{K}$, die zu "fast instabilen" Matrizen $\hat{\underline{A}}$ führen, stellen daher bei numerischer Minimisierung des Gütemaßes (235) mit Hilfe eines Gradientenverfahrens *benachteiligte Konkurrenten* dar. Bei hinreichend kleinen Iterationsschritten werden somit *automatisch* instabile Matrizen $\hat{\underline{A}}$ vermieden, wenn der Minimisierungsprozeß mit irgendeiner Matrix $\underline{K}$ beginnt, die zu einer stabilen Matrix $\hat{\underline{A}}$ führt.

25. Zur Wahl des Güteintegrals

Der vorliegende Regelalgorithmus basiert auf einem quadratischen Güteintegral (165), und zwar war darin die Matrix $\underline{Q}$ positiv definit zu wählen, da anderenfalls die Eigenschaften (82) und (83) nicht gelten, die bei der angegebenen Herleitung des Syntheselemmas verwendet wurden.
Die Elemente der Matrix $\underline{Q}$ stellen Parameter dar, durch deren Wahl sich der resultierende Trajektorienverlauf mehr oder minder gezielt beeinflussen läßt. Kommt es beispielsweise darauf an, daß die Ausgangsgröße $y = \underline{c}^T\underline{x}$ einer Regelstrecke (1) nach einer Störungsauslenkung "möglichst gut" abklingt, so ist es naheliegend, für die Matrix $\underline{Q}$

$$\underline{Q} = \underline{c}\,\underline{c}^T \tag{236}$$

zu wählen, da in diesem Fall der Wert des Güteintegrals unmittelbar durch

$$J(\underline{x}(t_o),\underline{k})) = \int_{t_o}^{\infty} |y|^2 dt \qquad (237)$$

gegeben ist. (Aus der Steuerungsnormalform (12) des zugrundeliegenden Systems (1) läßt sich übrigens ablesen, daß die Matrix $\underline{Q}$ in diesem Fall von dem *Zählerpolynom* der zugehörigen Übertragungsfunktion abhängt, das bisher nicht berücksichtigt worden ist.) Die Matrix (236) ist allerdings nur positiv *semi*definit, denn in der Beziehung

$$\underline{x}^T \underline{Q}\ \underline{x} = |\underline{c}^T \underline{x}|^2 \geq 0 \qquad (238)$$

tritt auf der rechten Seite das Gleichheitszeichen ein, wenn der Vektor $\underline{x}$ senkrecht auf $\underline{c}$ steht. Die qualitative Argumentation, die zur Wahl der Matrix (236) führt, trifft aber nach wie vor zu, wenn man zur Matrix

$$\underline{Q} = \underline{c}\ \underline{c}^T + \varepsilon\ \underline{E} \qquad (239)$$

übergeht, wobei ε eine hinreichend kleine positive Konstante und $\underline{E}$ die Einheitsmatrix darstellen. *Diese* Matrix $\underline{Q}$ ist aber positiv *definit*, d.h., mit ihr ist das hergeleitete Syntheselemma mit Sicherheit erfüllt.[1)]

Im allgemeinen Fall kann man bei der Suche nach einer geeigneten Matrix $\underline{Q}$ davon Gebrauch machen, daß entsprechend Gl. (227) jede reelle symmetrische positiv definite Matrix $\underline{Q}$ in der Form

$$\underline{Q} = \underline{L}^T \underline{L} \qquad (240)$$

darstellbar ist, wobei $\underline{L}$ eine obere Dreiecksmatrix mit nichtverschwindenden Diagonalelementen ist, und umgekehrt, daß jedes derartige Produkt eine positiv definite Matrix $\underline{Q}$ ergibt. Die $\frac{1}{2}n(n+1)$ Elemente von $\underline{L}$, die in oder oberhalb der Diagonalen gelegen sind, stellen daher - bis auf die unwesentliche Einschränkung, daß die Diagonalelemente von Null verschieden sein müssen - frei variierbare Parameter dar, die für beliebige Werte zu einer positiv definiten Matrix $\underline{Q}$ führen. Wenn man daher den beschriebenen Regelalgorithmus simuliert und durch schrittweise

---

1) In den simulierten Beispielen zeigte sich stets, daß die resultierenden Trajektorienverläufe für hinreichend kleine Werte von ε und für $\varepsilon = 0$ keine Unterschiede aufweisen. Es bliebe daher zu untersuchen, für welche positiv semidefiniten Matrizen $\underline{Q} = \underline{C}\ \underline{C}^T$ das Syntheselemma ebenfalls gilt. Dabei spielt der Fall eine besondere Rolle, daß das System $\dot{\underline{x}} = \hat{\underline{A}}\ \underline{x}$, $\tilde{\underline{y}} = \underline{C}^T \underline{x}$ stets vollständig beobachtbar ist.

Veränderungen der Matrix $\underline{Q}$ das resultierende Systemverhalten an die geforderten Spezifikationen anpassen will, geht man zweckmäßig von diesen $\frac{1}{2}n(n+1)$ Parametern aus.[1)]

Außer von einem quadratischen Güteintegral der Form (165) kann bei dem vorliegenden Regelalgorithmus von einem beliebigen anderen Güteintegral der Form (45) ausgegangen werden, wenn es zu stabilen Systemen (95) für beliebige Anfangspunkte $\underline{x}(t_o)$ existiert sowie explizit berechenbar ist und wenn für die Kostenfunktion $F(\underline{x},u)$ die Eigenschaften (81) bis (83) gültig sind.

Wenn z.B. der Steuergrößenverlauf nicht nur einer Beschränkung $|u| \leq u_o$ unterliegen, sondern *zusätzlich* durch Wahl des Güteintegrals beeinflußbar sein soll, so kann man von dem Güteintegral

$$J(\underline{x}(t_o),\underline{k}) = \int_{t_o}^{\infty} (\underline{x}^T(t)\underline{Q}\ \underline{x}(t)+\lambda u^2)dt \tag{241}$$

ausgehen, in dem $\underline{Q}$ eine positiv definite Matrix und λ eine positive Konstante darstellen. Aufgrund von Gl.(94) ist dieses Güteintegral durch den Ausdruck

$$J(\underline{x}(t_o),\underline{k}) = \int_{t_o}^{\infty} \underline{x}^T(t)(\underline{Q}+\lambda\underline{k}\ \underline{k}^T)\underline{x}(t)dt \tag{242}$$

gegeben, der Gl.(165) entspricht und analog berechenbar ist.

Im nächsten Abschnitt wird gezeigt, daß auch die Verwendung von Güteintegralen mit *zeitabhängigen* Kostenfunktionen möglich und u.U. sinnvoll ist.

26. Subzeitoptimale Strategien

In Abschnitt (13) wurde das Güteintegral (65) angegeben, das der Forderung nach Zeitoptimalität entspricht. Es ist unmittelbar zu erkennen, daß dieses Integral nicht die allgemeine Form (45) besitzt, auf der das hergeleitete Syntheselemma basiert. Im folgenden wird gezeigt, daß

---

1) Es ist bekannt, daß in quadratischen Güteintegralen der Form (165) insgesamt nur n voneinander unabhängige Parameter maßgebend sind [22], [23]. Es liegt allerdings bisher keine Parameterdarstellung von $\underline{Q}$ mit n frei variierbaren Parametern vor, die sämtlichen derartigen Güteintegralen entspricht, in denen $\underline{Q}$ positiv *definit* ist.

sich der Gesichtspunkt der Zeitoptimalität im Rahmen des vorliegenden Syntheseverfahrens wenigstens in mehr oder minder guter Näherung berücksichtigen läßt.

Qualitativ läßt sich die Forderung nach Zeitoptimalität dadurch charakterisieren, daß es nur auf die Zeit ankommen soll, innerhalb der eine Trajektorie $\underline{x}(t)$ aus einer Anfangsauslenkung $\underline{x}_o$ in den Ursprung übergeht, während der *zwischenzeitliche* Verlauf der Trajektorie nicht interessiert. Im Unterschied hierzu geht in Güteintegrale der Form (165) der gesamte zwischenzeitliche Trajektorienverlauf ein. Eine gewisse Annäherung an das zeitoptimale Gütemaß stellen daher Güteintegrale der Form

$$J_\tau(\underline{x}(t_o),\underline{k}) = \int_{t_o}^{\infty} (1-e^{-\frac{(t-t_o)}{\tau}})\,\underline{x}^T(t)\underline{Q}\,\underline{x}(t)dt \qquad (243)$$

dar, in denen $\underline{Q}$ eine positiv definite Matrix und τ eine positive Konstante darstellen. Qualitativ laufen derartige Güteintegrale nämlich darauf hinaus, daß der Trajektorienverlauf anfänglich (d.h. im Zeitintervall $[t_o,t_o+\tau]$) schwach und später stark bewichtet wird.[1] Aus der Minimisierung eines solchen Gütemaßes wird daher eine Trajektorie resultieren, die vom Anfangspunkt $\underline{x}(t_o)$ aus innerhalb der vorgegebenen Zeitdauer τ einen Punkt $\underline{x}(t_o+\tau)$ erreicht, für den der Wert des *Restintegrals* $\int_{t_o+\tau}^{\infty}\underline{x}^T\underline{Q}\,\underline{x}\,dt$ relativ klein ist, d.h.,der verhältnismäßig nahe am Ursprung liegt.

Hinsichtlich der Verwendung von Güteintegralen der Form (243) im Zusammenhang mit dem beschriebenen Syntheseverfahren ist zunächst zu bemerken, daß diese Integrale explizit berechenbar sind. Hierzu kann man nämlich das zugehörige System (95) mit Hilfe der VANDERMONDEschen Matrix $\underline{T}_o$ - die bei der Verwendung der Schranken (153) und (154) ohnehin bestimmt wird - auf Diagonalgestalt transformieren. Im Unterschied zu den bisher betrachteten Güteintegralen, auf die sich das hergeleitete Syntheseverfahren stützt, geht aber in das Güteintegral (243) eine *zeitabhängige Kostenfunktion* ein. Und zwar hängt sie von der Zeitdifferenz $t - t_o$ ab, die zwischen dem aktuellen Zeitpunkt t und dem Zeitpunkt t_o liegt, zu dem die auszuregelnde Störauslenkung $\underline{x}(t_o)$ aufgetreten ist. Es ist jedoch zu erkennen, daß für die vorliegende zeitabhän-

---

1) Diese Tendenz kann man verstärken, wenn man in dem Güteintegral (243) auch höhere Potenzen des Exponentialgliedes zuläßt.

gige Kostenfunktion zu jedem Zeitpunkt $t > t_o$ die Eigenschaften (81) bis (83) gültig sind, auf denen die angegebene Herleitung des Synthese-lemmas basiert. Man kann daher in dem beschriebenen Regelalgorithmus ohne weiteres auch von Güteintegralen der Form (243) ausgehen. Um jedoch die erwünschte Tendenz in Richtung auf Zeitoptimalität bei der Ausregelung von *wiederholt* auftretenden kurzzeitigen Störungsauslenkungen beizubehalten, ist es erforderlich, im Integranden jedesmal $t_o = t'$ zu setzen, wenn der Zustandsvektor in einem Zeitpunkt t' aufgrund einer Störungseinwirkung "springt". Dieses Verfahren ist insofern unbequem, als jeweils erkannt werden muß, daß eine Störungseinwirkung vorliegt. Von dieser Notwendigkeit kann man sich aber durch eine Modifikation des Syntheseverfahrens befreien. Hierzu geht man *sowohl* von dem zeitinvarianten Güteintegral (165) *als auch* von dem zeitabhängigen Güteintegral (243) aus. Und zwar wählt man in jedem Zeitpunkt t_i der Folge (196) den (zulässigen) Vektor $\underline{k}$ so, daß die Ungleichung (197) erfüllt ist. Damit ist aufgrund des Syntheselemmas bereits sichergestellt, daß die resultierende Trajektorie in den Ursprung läuft. Im Unterschied zur bisherigen Strategie verzichtet man aber darauf, die linke Seite dieser Ungleichung möglichst zu minimisieren. Stattdessen nutzt man die noch verbleibende Wahlfreiheit dazu aus, das zeitabhängige Güteintegral (243), in dem $t_o = t_i$ gesetzt wird, möglichst zu minimisieren. Auf diese Weise wird der resultierende Trajektorienverlauf "gleitend" bewichtet, d.h. von jedem aktuellen Zeitpunkt t_i aus gesehen so, daß die starke Bewichtung erst vom Zeitpunkt $t_i + \tau$ an beginnt.

Dem soeben angegebenen "subzeitoptimalen" Verfahren liegt die Intention zugrunde, den Trajektorienverlauf so einzurichten, daß er vom aktuellen Aufpunkt $\underline{x}$ aus innerhalb einer *festen Zeit* τ einen Punkt erreicht, der möglichst in der Nähe des Ursprungs liegt. Qualitativ wird dasselbe erreicht, wenn man die Strategie verfolgt, den Trajektorienverlauf so zu gestalten, daß er vom aktuellen Aufpunkt $\underline{x}$ aus innerhalb einer möglichst kurzen Zeit τ in eine bestimmte *feste Umgebung des Ursprungs* überführt wird. Im folgenden wird skizziert, auf welche Weise sich diese zweite Strategie durchführen läßt.

Grundlegend hierfür ist, daß sich in einem stabilen linearen System (95) das zeitliche Verhalten des Abklingvorganges abschätzen läßt, der zu einer Anfangsauslenkung $\underline{x}$ gehört [24]. Hierzu gehe man von einem quadratischen Güteintegral (165) aus, in dem $\underline{Q}$ eine positiv definite symmetrische reelle Matrix ist. Der Wert dieses Integrals ist in Abhängigkeit von der Anfangsauslenkung $\underline{x}$ aufgrund von Gl. (170) durch den Ausdruck

$$J(\underline{x},\underline{k}) = \underline{x}^T\underline{R}\,\underline{x} \tag{244}$$

bestimmt, in dem sich $\underline{R}$ eindeutig durch Auflösung von Gl.(174) ergibt. Für die zeitliche Ableitung von J entlang der Systemtrajektorie gilt entsprechend Gl.(175)

$$\dot{J}(\underline{x},\underline{k}) = -\underline{x}^T\underline{Q}\,\underline{x} \quad . \tag{245}$$

Somit ist die relative Änderungsgeschwindigkeit $\dot{J}/J$ durch den Ausdruck

$$\frac{\dot{J}(\underline{x},\underline{k})}{J(\underline{x},\underline{k})} = -\frac{\underline{x}^T\underline{Q}\,\underline{x}}{\underline{x}^T\underline{R}\,\underline{x}} \tag{246}$$

bestimmt, der sich bekanntlich mit Hilfe des größten Eigenwertes der Matrix $\underline{Q}^{-1}\underline{R}$ für beliebige Werte $\underline{x}$ durch die Beziehung

$$\frac{\underline{x}^T\underline{Q}\,\underline{x}}{\underline{x}^T\underline{R}\,\underline{x}} \geq \frac{1}{\lambda_{max}(\underline{Q}^{-1}\underline{R})} \tag{247}$$

abschätzen läßt [25]. Aus den letzten beiden Gleichungen ergibt sich dann bei Einführung der Abklingzeit

$$T = \lambda_{max}(\underline{Q}^{-1}\underline{R}) \quad , \tag{248}$$

daß der Wert von $J(\underline{x},\underline{k})$ entlang einer Systemtrajektorie *mindestens* so schnell abnimmt, daß für alle $\tau \geq 0$

$$J(\underline{x}(t_o+\tau),\underline{k}) \leq J(\underline{x}(t_o),\underline{k})e^{-\frac{\tau}{T}} \tag{249}$$

gilt. Damit ist klar, daß die Trajektorie, die in $\underline{x}(t_o)$ startet, vom Zeitpunkt $t_o + \tau$ an *ständig* innerhalb der Umgebung $U(\tau)$ der Ruhelage verläuft, die durch

$$U(\tau) = \{\underline{x}\,|\,\underline{x}^T\underline{R}\,\underline{x} \leq \underline{x}^T(t_o)\underline{R}\,\underline{x}(t_o)e^{-\frac{\tau}{T}}\} \tag{250}$$

gegeben ist. Ferner ist zu sehen, daß sich die Umgebung $U(\tau)$ mit $\tau \to \infty$ immer weiter zusammenzieht. Es gibt daher einen Zeitpunkt τ_o, von dem an $U(\tau)$ *erstmals* vollständig in einer vorgegebenen Umgebung G_o der Ruhelage enthalten ist. Wird für G_o die Form

$$G_o = \{\underline{x} | \underline{x}^T \underline{P}\, \underline{x} \leq 1\} \qquad (251)$$

gewählt, in der $\underline{P}$ irgendeine positiv definite Matrix ist, so ergibt sich aus dem Zusammenhang, in dem Gl.(215) steht, daß τ_o durch denjenigen *kleinsten* Wert τ gegeben ist, für den die Matrix

$$\frac{1}{\underline{x}^T(t_o)\underline{R}\, \underline{x}(t_o) e^{-\frac{\tau}{T}}} \underline{R} - \underline{P} \qquad (252)$$

positiv definit ausfällt.

Dieses Ergebnis läßt sich nun im Sinne der oben angegebenen Strategie folgendermaßen verwenden: Zunächst gibt man eine Umgebung der Ruhelage von der Form (251) vor, die beschreibt, welche Endabweichungen von der Ruhelage für die resultierenden Trajektorien noch in Kauf genommen werden können. Alsdann wendet man das beschriebene Syntheseverfahren mit der Modifikation an, daß man beim Übergang zu neuen Vektoren $\underline{k}$ in den Zeitpunkten t_i zwar die Ungleichung (197) erfüllt, nicht aber ihre linke Seite minimisiert. Damit ist aufgrund des Syntheselemmas wieder sichergestellt, daß die resultierenden Trajektorien in den Ursprung laufen. Die im Rahmen dieser Ungleichung verbleibende Wahlfreiheit kann man dazu ausnutzen, die oben eingeführte Zeit τ_o zu minimisieren, nach deren Ablauf die Trajektorie des zu $\underline{k}$ gehörigen linearen Systems (95) vom gerade vorliegenden Punkt $\underline{x}(t_i)$ aus mit Sicherheit *ständig* innerhalb der Umgebung G_o verläuft.

27. Verwendung anderer Steuerfunktionen

Das beschriebene Syntheseverfahren wurde bisher darauf spezialisiert, daß abschnittweise Steuerfunktionen Anwendung finden, die aus einem linearen Steuergesetz resultieren. Aufgrund des Syntheselemmas kann aber im Prinzip von *beliebigen anderen* zulässigen Steuerfunktionen ausgegangen werden, nur ist es im Hinblick auf die Realisierung erfoderlich, daß die Kriterien für die Zulässigkeit sowie die Berechnung des Güteintegrals numerisch nicht zu aufwendig sind. Wenn *nur für die Steuergröße* eine Beschränkung vorgegeben ist, kann man z.B. den in Abschnitt 18 beschriebenen Regelalgorithmus in der Weise modifizieren, daß man in jedem der Zeitpunkte t_i *neben* Steuerfunktionen, die aus einem linearen Steuergesetz $u(t) = -\underline{k}^T\underline{x}(t)$ resultieren, auch noch Funktionen der Form

$$u(t) = \begin{cases} \text{const} & \text{für } t_i \le t < t_{i+1} \\ -\underline{k}^T\underline{x}(t) & \text{für } t_{i+1} \le t \end{cases} \tag{253}$$

zuläßt. Auch für derartige Funktionen läßt sich nämlich unter Verwendung der hergeleiteten Schranken eine Schranke für den Maximalbetrag von u(t) angeben, weil der Punkt $\underline{x}(t_{i+1})$, den eine Trajektorie des Systems (1), ausgehend von $\underline{x}(t_i)$, bei Anwendung einer konstanten Steuerfunktion zur Zeit t_{i+1} erreicht, aufgrund der Beziehung (3) vorausberechenbar ist. Das Entsprechende gilt für den zugehörigen Wert eines quadratischen Güteintegrals. Auf diese Weise wird eine Vergrößerung der Klasse von Funktionen erreicht, die bei der Minimisierung des jeweils restlichen Güteintegrals zur Konkurrenz zugelassen sind. Und zwar wird speziell ermöglicht, daß die Steuergröße in dem resultierenden geregelten System abschnittweise konstant verlaufen und dadurch den zur Verfügung stehenden Maximalbetrag noch besser ausnutzen kann.

Eine weitergehende Verallgemeinerung liegt darin, daß man neben Steuerfunktionen der Form $u(t)=-\underline{k}^T\underline{x}(t)$ solche zuläßt, für die der Steuergrößenverlauf *in den ersten r Zeitintervallen von vornherein* jeweils als *konstant* angesetzt wird, während im Anschluß daran ein lineares Steuergesetz $u = -\underline{k}^T\underline{x}$ gilt. Jede derartige Funktion ist durch r + n Parameter charakterisiert, die jeweils im Sinne der Zulässigkeit und Minimisierung des verwendeten Güteintegrals geeignet zu wählen sind.

28. Übertragung auf Abtastsysteme

Im folgenden soll skizziert werden, auf welche Weise sich das beschriebene Syntheseverfahren auf Abtastsysteme übertragen läßt. Hierzu wird wieder von einem vollständig steuer- und beobachtbaren linearen System (1) ausgegangen, jedoch werden jetzt nur Steuerfunktionen u(t) zugelassen, die in *allen* Zeitintervallen $[t_i, t_{i+1}=t_i+\Delta t]$ abschnittweise konstant sind. Der Verlauf der Steuerfunktion u(t) ist damit vollständig durch die "Steuerfolge" $u_o, u_1, u_2, \ldots$, d.h. durch die Folge der Werte bestimmt, die jeweils in den aufeinanderfolgenden Zeitintervallen gültig sind. Aus den Gln.(2) und (3) kann man dann herleiten, daß sich der resultierende Verlauf des Zustandsvektors $\underline{x}_o, \underline{x}_1, \underline{x}_2, \ldots$ zu den Zeitpunkten $t_o, t_1, t_2, \ldots$ aus einer Rekursionsformel

$$\underline{x}_{i+1} = \underline{\Phi}\,\underline{x}_i + \underline{\beta}\,u_i \tag{254}$$

ergibt. Darin sind die Matrix $\underline{\Phi}$ und der Vektor $\underline{\beta}$ durch die Systemgrößen $\underline{A}$ und $\underline{b}$ sowie durch die Größe der "Abtastzeit" Δt bestimmt. Bekanntlich ist ein derartiges System im Sinne von LJAPUNOV (d.h. bei verschwindender Steuergröße) genau dann global asymptotisch stabil, wenn für sämtliche Eigenwerte $\mu_1, \mu_2, \ldots, \mu_n$ der Matrix $\underline{\Phi}$ die Beziehung

$$|\mu_j| < 1 \tag{255}$$

gilt [26]. Ferner läßt sich die Systemgleichung (254) unter wenig einschränkenden Voraussetzungen stets auf eine Form transformieren, die Gl.(12) entspricht.[1)] Es wird daher im folgenden immer davon ausgegangen, daß Gl.(254) bereits in dieser Form vorliegt, d.h., daß $\underline{\Phi}$ die Gestalt einer Begleitmatrix besitzt und $\underline{\beta}$ durch $\underline{\beta}^T = (0\ 0\ \ldots\ 0\ 1)$ gegeben ist.

Analog zu Gl.(94) werden jetzt Steuerfolgen $u_o, u_1, u_2, \ldots$ betrachtet, die aus einem linearen Steuergesetz der Form

$$u_i = -\underline{k}^T \underline{x}_i \tag{256}$$

resultieren (das bedeutet, der Wert von $u(t)$ ist im *gesamten* Zeitintervall $[t_i, t_i+\Delta t]$ durch $\underline{x}_i$ bestimmt). Wird diese Beziehung in Gl. (254) eingesetzt, so ergibt sich die Systemgleichung

$$\underline{x}_{i+1} = (\underline{\Phi} - \underline{\beta}\,\underline{k}^T)\underline{x}_i = \hat{\underline{\Phi}}\,\underline{x}_i \quad , \tag{257}$$

die den Gln. (95) und (97) entspricht. Analog zu Abschn. 16.1 ist es wieder möglich, eine Parameterdarstellung aller Vektoren $\underline{k}$ anzugeben, die zu einem stabilen System (257), d.h. jeweils zu einer Matrix $\hat{\underline{\Phi}}$ führen, deren Eigenwerte $\hat{\mu}_j$ in der komplexen Ebene entsprechend Gl.(255) sämtlich innerhalb des Einheitskreises gelegen sind. Hierzu kann man die komplexe Abbildung

$$s = \frac{z-1}{z+1} \tag{258}$$

---

1) Dies gilt stets, wenn das zugrundeliegende kontinuierliche System vollständig steuerbar ist und wenn für die Abtastzeit Δt gewisse diskrete Werte ausgeschlossen werden (vergl. [27]).

in Gl.(101) einführen, die das Innere des Einheitskreises der z-Ebene auf die linke offene s-Halbebene abbildet. Durch Heraufmultiplikation der resultierenden Nenner entsteht dann ein Polynom vom Grade n, dessen insgesamt n Nullstellen für nichtverschwindende Werte der Parameter h_i stets innerhalb des Einheitskreises gelegen und dort durch geeignete Wahl der Parameterwerte beliebig placierbar sind.

Analog zu Abschnitt 16.2 ist es auch möglich, Schranken für den Maximalbetrag der Steuergröße herzuleiten. In diesem Fall kommt es darauf an, nichtsinguläre Transformationen (109) zu finden, mit denen

$$\underline{\tilde{x}}_{i+1}^{*} \underline{\tilde{x}}_{i+1} < \underline{\tilde{x}}_{i}^{*} \underline{\tilde{x}}_{i} \tag{259}$$

gilt. Diese Bedingung läßt sich unter Verwendung der Gln.(109) und (257) auch in der Form

$$\underline{\tilde{x}}_{i}^{*} (\underline{E} - \underline{T}^{*} \underline{\hat{\Phi}}^{T} \underline{T}^{-1*} \underline{T}^{-1} \underline{\hat{\Phi}}\, \underline{T}) \underline{\tilde{x}}_{i} > 0 \tag{260}$$

schreiben, in der $\underline{E}$ die Einheitsmatrix darstellt. Diese letzte Ungleichung ist aber genau dann für *beliebige* Vektoren $\underline{\tilde{x}}_i$ erfüllt, wenn die Matrix

$$\underline{P} = \underline{E} - \underline{T}^{*} \underline{\hat{\Phi}}^{T} \underline{T}^{-1*} \underline{T}^{-1} \underline{\hat{\Phi}}\, \underline{T} \tag{261}$$

positiv definit ist. Wird die Matrix $\underline{T}$ speziell so gewählt, daß sie die Matrix $\underline{\hat{\Phi}}$ analog zu Gl.(119) auf Diagonalgestalt transformiert, so ist $\underline{P}$ positiv definit, da für die Eigenwerte von $\underline{\hat{\Phi}}$ $|\mu|<1$ gilt. Jede derartige Matrix $\underline{T}$ liefert daher eine Schranke für den Maximalbetrag der Größen u_o, u_1, u_2, ..., die Gl.(113) vollkommen entspricht. Insbesondere ergibt sich die spezielle Schranke (153) - wenn man nur Matrizen $\underline{\hat{\Phi}}$ mit paarweise voneinander und von Null verschiedenen Eigenwerten zuläßt - indem man für $\underline{T}_o$ die aus diesen Eigenwerten gebildete VANDERMONDEsche Matrix einsetzt. Ebenso resultiert die verbesserte Schranke (154). In entsprechender Weise ergeben sich Schranken für die Maximalbeträge von Größen der Form $d = \underline{w}^T\underline{x}$. Allerdings beziehen sich diese Schranken dann nur auf die Werte von d(t) *in den Zeitpunkten* t_i, während die eben angegebenen Schranken für die Elemente u_i gleichzeitig auch Schranken für den *gesamten zeitlichen Verlauf* der Steuergröße u(t) sind, da die Steuergröße - im Unterschied zu den Zustandsgrößen des zugrundeliegenden kontinuierlichen Systems - abschnittweise konstant verläuft.

Schließlich ist es möglich, ein Gütemaß einzuführen, das Gl.(165) entspricht, und zwar sind hierzu Summen der Form

$$J(\underline{x}_o,\underline{k}) = \sum_{i=0}^{\infty} \underline{x}_i^T \underline{Q}\, \underline{x}_i \tag{262}$$

geeignet, in denen $\underline{Q}$ positiv definit ist. Man kann analog zu Abschnitt 16.4 zeigen, daß derartige Summen für stabile Systeme (257) existieren und mit Hilfe einer Beziehung der Form

$$J(\underline{x}_o,\underline{k}) = \underline{x}_o^T \underline{W}\, \underline{x}_o \tag{263}$$

berechenbar sind. Wenn man nämlich mit Hilfe der Systemgleichung (257) $\underline{x}_i$ auf $\underline{x}_o$ zurückführt, so zeigt sich, daß die Matrix $\underline{W}$ in Gl.(263) durch die unendliche Reihe

$$\underline{W} = \underline{Q} + \hat{\underline{\Phi}}^T \underline{Q}\, \hat{\underline{\Phi}} + (\hat{\underline{\Phi}}^T)^2 \underline{Q}\, \hat{\underline{\Phi}}^2 + \dots \tag{264}$$

gegeben ist. Wird aufgrund dieser Beziehung der Ausdruck $\hat{\underline{\Phi}}^T \underline{W}\, \hat{\underline{\Phi}}$ gebildet und von Gl.(264) subtrahiert, so ergibt sich die Beziehung

$$\underline{W} - \hat{\underline{\Phi}}^T\, \underline{W}\, \hat{\underline{\Phi}} = \underline{Q} \quad . \tag{265}$$

Dies ist ein lineares Gleichungssystem für die Elemente von $\underline{W}$. Um zu zeigen, daß es stets eindeutig lösbar ist, wird Gl.(265) zunächst in die gleichwertige Beziehung

$$(\hat{\underline{\Phi}}^T)^{-1} \underline{W} - \underline{W}\, \hat{\underline{\Phi}} = (\hat{\underline{\Phi}}^T)^{-1} \underline{Q} \tag{266}$$

überführt (Dies ist möglich, da $\hat{\underline{\Phi}}$ nach Voraussetzung keine verschwindenden Eigenwerte besitzt und daher invertierbar ist). Nach einem Satz aus der Matrizenalgebra ist eine Matrizengleichung der Form $\underline{A}\,\underline{W} - \underline{W}\,\underline{B} = \underline{C}$ aber genau dann für beliebige rechte Seiten eindeutig nach $\underline{W}$ auflösbar, wenn kein Eigenwert von $\underline{A}$ mit einem von $\underline{B}$ übereinstimmt [28].[1] Dies ist aber in Gl.(266) erfüllt, da die Eigenwerte der Matrizen $(\hat{\underline{\Phi}}^T)^{-1}$ und $\hat{\underline{\Phi}}$ zueinander reziprok und daher wegen der Eigenschaft (255) sämtlich innerhalb bzw. sämtlich außerhalb des Einheitskreises gelegen sind.

---

1) Aus diesem allgemeinen Satz ergibt sich übrigens, daß Gl.(174) genau dann für beliebige rechte Seiten eindeutig nach $\underline{R}$ auflösbar ist, wenn für je zwei Eigenwerte von $\hat{\underline{A}}$ die Beziehung $\bar{\lambda}_i + \lambda_j \neq 0$ gilt.

Entscheidend ist nun, daß sich auch das in Abschnitt 15 hergeleitete Syntheselemma auf Abtastsysteme übertragen läßt. Und zwar liegt der Kern darin, daß man aus einem endlichen Wert des Gütemaßes (262) auf einen Verlauf der Werte $\underline{x}_i$ schließen kann, der mit $i \to \infty$ gegen $\underline{O}$ strebt. Damit ist in großen Zügen klar, wie das oben beschriebene Syntheseverfahren auf Abtastsysteme anzuwenden ist.

Zu bemerken ist noch, daß sich im vorliegenden Fall auch die Summe

$$J_r(\underline{x}_o,\underline{k}) = \sum_{i=r}^{\infty} \underline{x}_i^T \underline{Q}\, \underline{x}_i \quad , \tag{267}$$

die erst von irgendeinem späteren Glied an beginnt, analog zur vollständigen Summe (262) sehr einfach berechnen läßt. Damit ist auch bei Abtastsystemen die Möglichkeit gegeben, die subzeitoptimalen Strategien anzuwenden, die im Zusammenhang mit dem zeitabhängigen Güteintegral (243) beschrieben worden sind. Im Unterschied zu diesem Güteintegral zeichnet sich die Summe (267) aber dadurch aus, daß darin der anfängliche bzw. spätere Trajektorienverlauf *exakt* mit dem Faktor 0 bzw. 1 bewichtet wird.

Entsprechend läßt sich auch die subzeitoptimale Strategie, die im Zusammenhang mit den Gln.(244) bis (252) beschrieben worden ist, auf Abtastsysteme übertragen.

Schließlich sei darauf hingewiesen, daß analog zu Abschnitt 27 auch von Steuerfolgen ausgegangen werden kann, die nicht nach der Vorschrift (256) gebildet sind. Wenn *nur für die Steuergröße* eine Beschränkung vorgegeben ist und als Gütemaß Summen der Form (267) gewählt werden, dann bieten sich *neben* Steuerfolgen der Form (256) solche an, deren erste r Elemente im Rahmen der gegebenen Beschränkung frei gewählt werden, während erst für die folgenden Elemente eine Vorschrift der Form (256) verwendet wird.

VI Synthese aufgrund ineinandergeschachtelter abgeschlossener Gebiete beschränkter Steuergröße

Das in Kapitel IV beschriebene Syntheseverfahren läßt sich folgendermaßen charakterisieren: Längs einer Trajektorie wird in aufeinanderfolgenden Zeitpunkten t_o, t_1, t_2, ... jeweils eine Steuerfunktion bzw. ein lineares Steuergesetz ausgewählt und angewendet, das in Bezug auf den gerade vorliegenden *Punkt* $\underline{x}(t_i)$ zulässig und im Sinne eines Güteintegrals möglichst günstig ist. Eine *Modifikation dieses Grundkonzeptes* liegt darin, daß man den Zustandsraum in *Zonen* Z_j einteilt und zu jeder Zone ein lineares Steuergesetz $u = -\underline{k}_j^T\underline{x}$ bestimmt, das in Bezug auf *sämtliche* Punkte der Zone Z_j zulässig und im Sinne eines geeigneten Maßes günstig ist. In diesem Fall ist die Steuergröße u, die auf die Regelstrecke zu schalten ist, nach dem Schema

$$\underline{x} \quad \rightarrow \quad Z_j \quad \rightarrow \quad u(\underline{x}) = -\underline{k}_j^T\underline{x} \qquad (268)$$

auf folgende Weise unmittelbar durch den aktuellen Zustandsvektor $\underline{x}$ festgelegt: Man bestimmt, in welcher Zone Z_j der Punkt $\underline{x}$ liegt, und bildet mit dem linearen Steuergesetz, das zu dieser Zone gehört, die Steuergröße $u = -\underline{k}_j^T\underline{x}$. Es ist zu erkennen, daß die resultierende Struktur des Regelkreises Bild 28 entspricht. Und zwar liegt die Aufgabe des Diskriminators in diesem Fall darin, festzustellen, in welcher Zone der jeweils aktuelle Zustandsvektor liegt. Es ist plausibel, daß dieses Konzept unmittelbar zu Reglern führt, die einfach zu realisieren sind, wenn die Zonen *nicht zu zahlreich* und *von geometrisch einfacher Gestalt* sind. Allerdings weist das vorliegende Verfahren gegenüber dem oben beschriebenen vom Prinzip her den Nachteil auf, daß das jeweils verwendete lineare Steuergesetz *nicht ausschließlich* auf den aktuellen Zustandsvektor $\underline{x}$ abgestimmt ist, sondern nur *in Bezug auf die Zone* günstig ist, in der $\underline{x}$ liegt.

Im folgenden wird beschrieben, auf welche Weise sich die Einteilung des Zustandsraumes in Zonen einrichten läßt. Zunächst wird eine spezielle Zoneneinteilung angegeben, die sich nur auf die Regelstrecke const/s^2 bezieht. Anschließend wird ein allgemeines Verfahren skizziert.

29. Abgeschlossene Gebiete beschränkter Steuergröße

In Abschnitt 12 wurde zu einem stabilen linearen System der Form (95) die Umgebung U eingeführt, die aus den Anfangspunkten *sämtlicher*

Trajektorien $\underline{x}(t)$ besteht, auf denen überall $|u|=|\underline{k}^T\underline{x}(t)| \leq u_o$ gilt (vergl. Bild 14). *Diese Umgebung weist die Eigenschaft auf, daß keine Trajektorie, die irgendwo darin startet, sie in ihrem späteren Verlauf zu irgendeinem Zeitpunkt verläßt.* Man nehme nämlich das Gegenteil an, d.h., daß es eine Trajektorie $\underline{x}(t)$ gibt, die in einem Punkt $\underline{x}_o$ startet, der in U liegt, und die zu einem späteren Zeitpunkt durch einen Punkt $\underline{x}_1$ außerhalb von U läuft. Dann ergibt sich aus der Definition von U, daß längs dieser Trajektorie stets $|u| \leq u_o$ gilt. Diese Ungleichung ist dann aber auch für die Trajektorie erfüllt, die in $\underline{x}_1$ startet, da sie ein Teilstück der Trajektorie mit Anfangspunkt $\underline{x}_o$ ist. Das würde aber aufgrund der Definition von U bedeuten, daß $\underline{x}_1$ im Widerspruch zur Voraussetzung in U gelegen ist. *Jede* Umgebung der Ruhelage, die wie die Umgebung U von keiner Trajektorie verlassen werden kann und in der überall $|u| \leq u_o$ gilt, soll im folgenden "abgeschlossenes Gebiet beschränkter Steuergröße" genannt werden. Ersichtlich stellt die oben eingeführte Umgebung U das *größtmögliche* abgeschlossene Gebiet beschränkter Steuergröße dar.

Wie derartige abgeschlossene Gebiete beschränkter Steuergröße aussehen können, wird in Bild 29 illustriert. Dargestellt ist ein Trajektorienfeld der Regelstrecke (20) in Verbindung mit einem (speziellen) linearen Steuergesetz $u = -\underline{k}^T\underline{x}$, das zu einem stabilen Gesamtsystem führt. Da sich ein solches Steuergesetz auch in der Form

$$u = -\underline{k}^T\underline{x} = -|\underline{k}||\underline{x}|\cos(\underline{k},\underline{x}) \quad , \tag{269}$$

d.h. als Skalarprodukt des Vektors $-\underline{k}$ und des Zustandsvektors $\underline{x}$ schreiben läßt, ist klar, daß der Wert von u in einem Punkt $\underline{x}$ außer von $\underline{k}$ nur von der Größe der Projektion des Vektors $\underline{x}$ auf die Richtung von $\underline{k}$ abhängt. Daher ist auf jeder zur Richtung von $\underline{k}$ senkrechten Geraden der Wert von u konstant. Ferner sind alle Punkte $\underline{x}$, für die $|u(\underline{x})| \leq u_o$ gilt, zwischen oder auf den beiden parallelen Geraden gelegen, denen die Werte $u = +u_o$ bzw. $u = -u_o$ zugeordnet sind. Damit läßt sich aus Bild 29 ablesen, daß die Bedingung $|u| \leq u_o$ *genau* längs aller Trajektorien erfüllt ist, die in dem schraffiert gezeichneten Gebiet U starten. Dieses Gebiet U stellt daher das größtmögliche abgeschlossene Gebiet beschränkter Steuergröße dar. Gleichzeitig geht aus der Abbildung hervor, daß in U ein kleineres abgeschlossenes Gebiet beschränkter Steuergröße enthalten ist, nämlich das Parallelogramm PQRS, denn jede Trajektorie, die in diesem Parallelogramm startet, verläßt es in ihrem späteren Verlauf nicht.

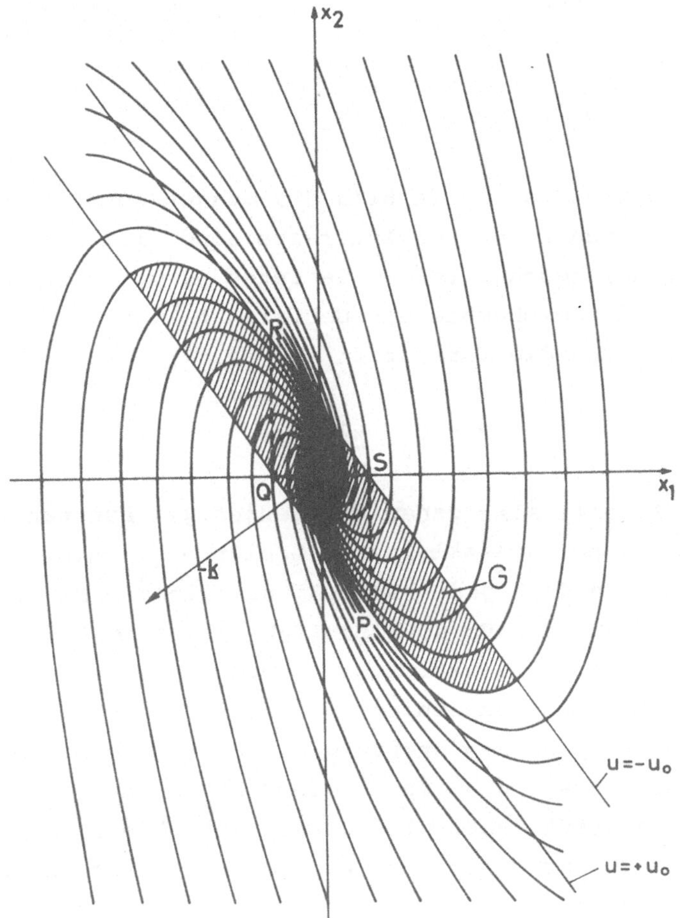

Bild 29 Abgeschlossene Gebiete beschränkter Steuergröße zum Regelungssystem $\dot{x}_1 = x_2$, $\dot{x}_2 = u = -\underline{k}^T\underline{x}$. Der schraffierte Bereich U stellt das größtmögliche, das Parallelogramm PQRS ein darin enthaltenes kleineres abgeschlossenes Gebiet beschränkter Steuergröße dar.

30. Synthese aufgrund ineinandergeschachtelter abgeschlossener Gebiete beschränkter Steuergröße

Es werde angenommen, daß man zu einem vorgelegten linearen System (1) eine Schar von endlich vielen linearen Steuergesetzen

$$u = -\underline{k}_o^T\underline{x}, \quad u = -\underline{k}_1^T\underline{x}, \; \ldots, \; u = -\underline{k}_r^T\underline{x} \tag{270}$$

finden kann, zu denen stabile Systeme (95) mit abgeschlossenen Gebieten beschränkter Steuergröße $G_o, G_1, \ldots, G_r$ gehören, die entsprechend der Beziehung

$$G_o \subset G_1 \subset \ldots \subset G_r \tag{271}$$

ineinandergeschachtelt sind (In Bild 30, dessen sonstige Einzelheiten an dieser Stelle noch nicht von Interesse sind, ist eine derartige Schar von ineinandergeschachtelten Gebieten G_j dargestellt). Zu dieser Schar von ineinandergeschachtelten Gebieten G_j führe man die Zonen $Z_o, Z_1, \ldots, Z_r$ durch die Vorschrift

$$Z_j = \{\underline{x} | \underline{x} \varepsilon G_j, \ \underline{x} \notin G_{j-1}\} \tag{272}$$

ein. Jede Zone Z_j soll also genau aus denjenigen Punkten von G_j bestehen, die nicht in dem nächstkleineren Gebiet G_{j-1} enthalten sind (vergl. Bild 30). Ordnet man dann jeder Zone Z_j das lineare Steuergesetz $u = -\underline{k}_j^T\underline{x}$ zu, so führt die Vorschrift (268) zu einem Steuergesetz $u = u(\underline{x})$, mit dem jede Trajektorie des zugrundeliegenden Systems (1), die irgendwo in dem größten Gebiet G_r startet, unter Einhaltung der Beschränkung $|u| \leq u_o$ in den Ursprung einläuft. Es sei nämlich $\underline{x}_o$ ein Anfangspunkt, der in Z_j, d.h. in G_j, aber nicht in G_{j-1} gelegen ist. Aufgrund der Vorschrift (268) wird die Steuergröße u in diesem Fall mit dem linearen Steuergesetz $u = -\underline{k}_j^T\underline{x}$ gebildet. Mit diesem Steuergesetz läuft die Trajektorie - ohne das Gebiet G_j zu verlassen - unter Einhaltung der Beschränkung $|u| \leq u_o$ auf den Ursprung zu, da G_j ein abgeschlossenes Gebiet beschränkter Steuergröße zum Steuergesetz $u = -\underline{k}_j^T\underline{x}$ ist und da das lineare System $\dot{\underline{x}} = (\underline{A}-\underline{b}\ \underline{k}_j^T)\underline{x}$ stabil ist. Sobald der Rand des nach innen anschließenden Gebietes G_{j-1} erreicht ist, wird aufgrund der Vorschrift (268) auf das lineare Steuergesetz $u = -\underline{k}_{j-1}^T\underline{x}$ umgeschaltet, das wiederum so lange gültig bleibt, bis die Trajektorie - unter Einhaltung der Beschränkung $|u| \leq u_o$ - in das nächstinnere Gebiet eintritt. Hat die Trajektorie das innerste Gebiet G_o erreicht, so läuft sie mit dem linearen Steuergesetz $u = -\underline{k}_o^T\underline{x}$ unter Einhaltung von $|u| \leq u_o$ asymptotisch in den Ursprung ein. Damit ist klar, daß im Zustandsraum tatsächlich ein *nutzbarer Arbeitsbereich von der Größe des Gebietes* G_r vorliegt, in dem jede Trajektorie unter Einhaltung der gegebenen Steuergrößenbeschränkung asymptotisch den Ursprung erreicht. Dieser Arbeitsbereich besteht aus den Zonen Z_j, die *Rand*zonen ineinandergeschachtelter abgeschlossener Gebiete beschränkter Steuergröße sind. Aus Abschnitt 12 und Bild 29 geht aber hervor, daß die Steuergröße in der Nähe des Randes eines abgeschlossenen Gebietes beschränkter Steuergröße grundsätzlich größere Beträge als weiter im Inneren annehmen kann. Daher bietet das vorliegende Regelungsverfahren die prinzipielle Möglichkeit, den zur Verfügung stehenden Maximalbetrag der Steuergröße im Sinne irgendwelcher Gütespezifikationen besser auszunutzen, als es mit einem festen linearen Steuergesetz möglich ist.

31. Anwendung auf die Regelstrecke const/s^2

Für die Regelstrecke (20) wurde an anderer Stelle gezeigt, daß das soeben skizzierte Regelungsverfahren zu einem Regler mit bemerkenswerten Eigenschaften führt [29]. Im folgenden wird das Wesentliche zusammengefaßt. Man rechnet leicht nach, daß das lineare Steuergesetz

$$u = -\Theta h^2 x_1 - \Theta\sqrt{2}hx_2 \tag{273}$$

in Verbindung mit der Regelstrecke (20) für jeden positiven Wert des Parameters h zu einem stabilen linearen Gesamtsystem führt, dessen Eigenwerte durch

$$\lambda_{1,2} = -\frac{1}{\sqrt{2}}h \pm \frac{1}{\sqrt{2}}h\,i \tag{274}$$

gegeben sind. Wählt man nun endlich viele lineare Steuergesetze der Form (273) aus, die zu den positiven Parameterwerten

$$h_o > h_1 > \ldots > h_r \tag{275}$$

gehören, so kann man zeigen, daß sich eine zugehörige Schar von abgeschlossenen Gebieten beschränkter Steuergröße G_o, G_1, ..., G_r finden läßt, die entsprechend Bild 30 ineinandergeschachtelt sind. Und zwar handelt es sich um Parallelogramme- was der Forderung nach geometrischer Einfachheit entspricht - deren Eckpunktskoordinaten in Abhängigkeit von h und dem maximal zulässigen Steuergrößenbetrag u_o durch

$$\begin{aligned} x_1 &= \pm\frac{1}{\Theta}\frac{u_o}{h^2}, \quad x_2 = 0 \\ x_1 &= \pm\frac{1}{\Theta}\frac{u_o}{h^2}, \quad x_2 = \mp\frac{1}{\Theta}\sqrt{2}\frac{u_o}{h} \end{aligned} \tag{276}$$

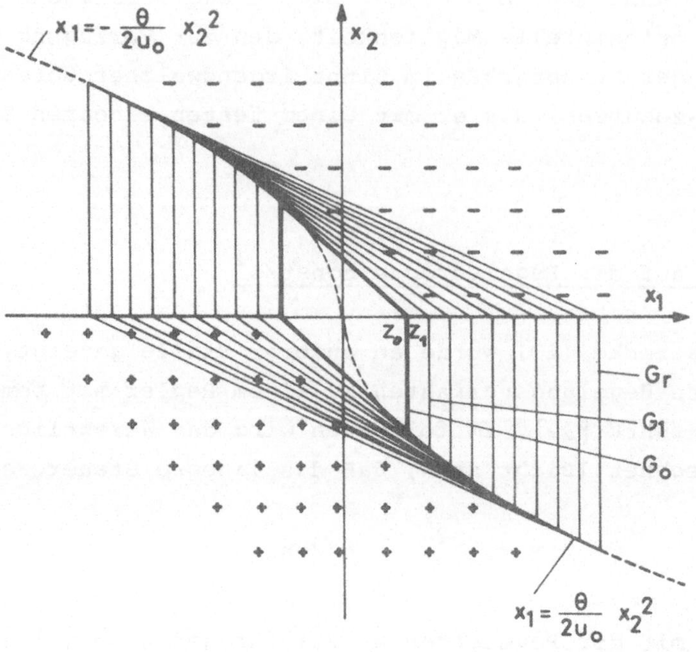

Bild 30 Ineinandergeschachtelte abgeschlossene Gebiete beschränkter Steuergröße zum Regelungssystem $\dot{x}_1 = x_2$, $\dot{x}_2 = \frac{1}{\theta}u$, $u = -\theta h^2 x_1 - \theta\sqrt{2}\, h x_2$ *für unterschiedliche Werte des Parameters h*

gegeben sind. Diese Parallelogramme werden also um so kleiner, je grösser der Wert von h ist. Andererseits ergibt sich aus Gl.(274), daß das abschnittweise gültige lineare Gesamtsystem im konventionellen Sinne um so schneller wird, je größer der Wert von h ist.

Wendet man daher das oben angegebene Regelungsverfahren auf der Basis der vorliegenden linearen Steuergesetze an, so ist zu erwarten, daß das resultierende Gesamtsystem mehr oder weniger gut "subzeitoptimal" ist. Und zwar wird dies um so mehr der Fall sein, je öfter auf ein "schnelleres" lineares Steuergesetz umgeschaltet wird, d.h. je größer die Anzahl der zugrundeliegenden linearen Steuergesetze ist.

Bei einer Vergrößerung der Anzahl der Umschaltbereiche wächst allerdings auch der erforderliche Realisierungsaufwand an, da die notwendige *Gebietsabfrage* entsprechend differenzierter ist. Es zeigt sich aber, daß man zu einer wesentlichen Vereinfachung der Realisierung gelangen kann, wenn man zu der *kontinuierlichen* Schar von linearen Steuergesetzen der Form (273) übergeht, die sich für die Menge aller Parameterwerte h mit

$$h_o \geq h > 0 \tag{277}$$

ergibt. In diesem Fall stellt die zugehörige Schar von abgeschlossenen Gebieten beschränkter Steuergröße eine Schar von ineinandergeschachtelten Parallelogrammen dar, die sich von einem kleinsten innersten Parallelogramm an *kontinuierlich* nach außen bis ins Unendliche erstreckt (vergl. Bild 30). Wendet man wieder das in Abschnitt 30 beschriebene Regelungsverfahren an, so bedeutet dies, daß sich die Steuergröße u in Abhängigkeit vom aktuellen Zustandsvektor $\underline{x}$ nach dem Schema

$$\underline{x} \rightarrow h(\underline{x}) \rightarrow u(\underline{x}) \tag{278}$$

folgendermaßen ergibt: Zum Punkt $\underline{x}$ gehört ein kleinstes Parallelogramm der vorliegenden Schar, in oder auf dessen Rand $\underline{x}$ liegt. Durch Einsetzen des zugehörigen Parameterwertes $h = h(\underline{x})$ in Gl.(273) ergibt sich das in $\underline{x}$ gültige lineare Steuergesetz und daraus der zu $\underline{x}$ gehörige Steuergrößenwert $u(\underline{x})$. Man kann nun zeigen, daß sich der resultierende Zusammenhang $u = u(\underline{x})$ nach Elimination des Parameters h durch den nichtlinearen Ausdruck

$$u(x_1, x_2) = u_o \mathrm{sat}(f(x_1) - g(x_1)x_2) \tag{279}$$

beschreiben läßt. Darin sind die Funktionen $f(x_1)$ und $g(x_1)$ mit der Abkürzung

$$\alpha = \frac{u_o}{\Theta h_o^2} \tag{280}$$

durch

$$f(x_1) = \begin{cases} +1 & \text{für } x_1 \leq -\alpha \\ -\dfrac{x_1}{\alpha} & \text{für } -\alpha \leq x_1 \leq +\alpha \\ -1 & \text{für } \alpha \leq x_1 \end{cases} \tag{281}$$

und

$$g(x_1) = \begin{cases} \dfrac{\sqrt{2}}{\alpha h_o} & \text{für} \quad |x_1| \leq \alpha \\ \dfrac{1}{h_o}\sqrt{\dfrac{2}{\alpha |x_1|}} & \text{für} \quad |x_1| \geq \alpha \end{cases} \tag{282}$$

gegeben, während die Funktion "sat" die bekannte Sättigungsfunktion

$$\text{sat } y = \begin{cases} +1 & \text{für} \quad y \geq 1 \\ y & \text{für} \quad |y| \leq 1 \\ -1 & \text{für} \quad y \leq -1 \end{cases} \tag{283}$$

darstellt. In Bild 31 ist gezeigt, auf welche Weise sich das Steuerge-

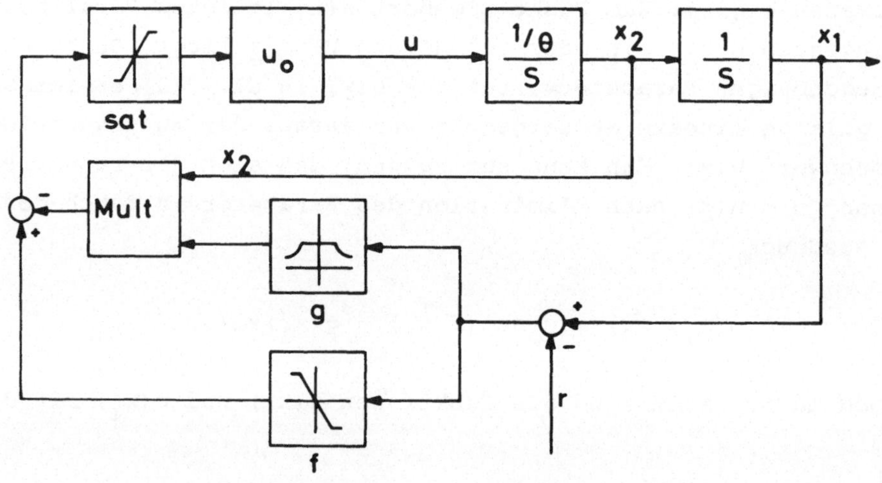

Bild 31 Nichtlinearer Regelkreis, der aus dem vorliegenden Syntheseverfahren bei Zugrundelegung einer kontinuierlichen Schar von linearen Reglern resultiert

setz (279) realisieren läßt.[1)] Erforderlich sind zwei Addierglieder und ein Multiplizierglied, zwei Sättigungsglieder zur Darstellung der

---

1) In Bild 31 ist der resultierende Regler *einschließlich* der Regelstrecke const/s^2 dargestellt. Ferner erscheint in der Abbildung eine Führungsgröße r. Und zwar ergibt sich aus Abschnitt 6, daß das Verhalten des vorliegenden Regelungssystems bei sprungförmiger Führungsgröße $r(t) = a\sigma(t)$ und verschwindenden Anfangswerten dem Systemverhalten entspricht, das zu verschwindender Führungsgröße und zur Anfangsauslenkung $x_1(t_o) = a$, $x_2(t_o) = 0$ gehört.

Funktionen "sat" und $f(x_1)$ sowie ein Diodenfunktionsgeber, mit dem sich die Funktion $g(x_1)$ näherungsweise nachbilden läßt. Dies alles sind konventionelle Bauelemente, die in Analogrechnern gebräuchlich sind. Es ist einzusehen, daß der Realisierungsaufwand im vorliegenden Fall wesentlich geringer ist, als wenn entsprechend Bild 28 bzw. Gl.(270) von einer relativ großen, aber endlichen Zahl von linearen Steuergesetzen ausgegangen wird.

Es läßt sich leicht nachweisen, daß durch Gl.(279) eine sehr übersichtliche Belegung der Zustandsebene mit u-Werten gegeben ist. Und zwar gilt in den Bereichen, die in Bild 30 durch die Zeichen "+" bzw. "-" markiert sind, überall $u = +u_o$ bzw. $u = -u_o$ (Diese Bereiche werden durch die schräglaufenden Parallelogrammseiten der vorliegenden Parallelogrammschar überdeckt, die sich von dem kleinsten inneren Parallelogramm kontinuierlich nach außen bis ins Unendliche erstreckt). Ferner läßt sich zeigen, daß die Steuergröße in dem nichtmarkierten Zwischenbereich entlang eines Weges, der parallel zur x_1-Achse läuft, linear von der x_2-Koordinate abhängt, und zwar derart, daß der Steuergrößenverlauf an den Rändern des Zwischenbereichs *stetig* an die Werte $u = +u_o$ bzw. $u = -u_o$ anschließt. Ein Vergleich mit Bild 17 zeigt, daß das vorliegende Steuergesetz *große Ähnlichkeit mit dem zeitoptimalen Steuergesetz* aufweist, das zur betrachteten Regelstrecke gehört. Der Unterschied liegt allein darin, daß die Bereiche, in denen $u = +u_o$ bzw. $u = -u_o$ gilt, dort unmittelbar aneinanderstoßen, während bei dem vorliegenden Steuergesetz eine Zone dazwischengeschoben ist, die für einen stetigen Übergang der Steuergrößenwerte sorgt. Bemerkenswert ist, daß die Schaltkurve, d.h. die Grenze zwischen den zwei Bereichen im zeitoptimalen Fall, mit der Bereichsgrenze identisch ist, die in Bild 30 gestrichelt gezeichnet ist.

Natürlich interessiert jetzt die Frage, zu welchem Systemverhalten das vorliegende Steuergesetz im Vergleich zum zeitoptimalen Steuergesetz führt. Zunächst läßt sich zeigen, daß das Steuergesetz (279) zu einem global asymptotischen Gesamtsystem führt, in dem *jede irgendwo* startende Trajektorie unter Einhaltung der Steuergrößenbeschränkung $|u| \leq u_o$ in den Ursprung einläuft.[1] Zur Illustration wurde das in Bild 31 ge-

1) Daß in der gesamten Zustandsebene $|u| \leq u_o$ gilt, liest man unmittelbar aus Gl.(279) ab. Daß jede Trajektorie in den Ursprung einläuft, ist aufgrund von Abschnitt 30 zwar plausibel, bedarf aber eines Beweises, da sich die dortige Argumentation nur auf *diskret* liegende Parameterwerte h bezieht. Dieser Beweis läßt sich mit Hilfe der zweiten Methode von LJAPUNOV dadurch erbringen, daß man als LJAPUNOV-Funktion $V(\underline{x})$ den Flächeninhalt desjenigen Parallelogramms mit den Eckpunktskoordinaten (276) wählt, auf dessen Rand der Punkt $\underline{x}$ liegt.

zeigte System für den Fall $\Theta = 1$, $u_o = 1$ und $h_o = 4{,}5$ (dem entspricht der Wert $\alpha = 0{,}05$) auf einem Analogrechner simuliert. Bild 32 zeigt das

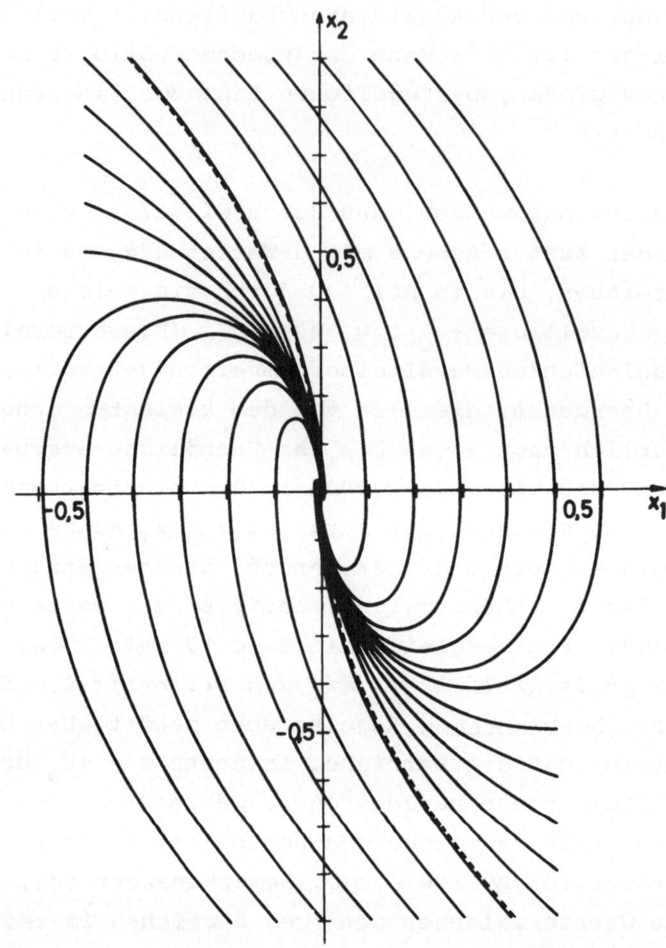

Bild 32 Trajektorienfeld zu dem in Bild 31 gezeigten nichtlinearen Regelungssystem bei verschwindender Führungsgröße r

resultierende Trajektorienfeld bei verschwindender Führungsgröße r (Die gestrichelt gezeichnete Kurve entspricht der ebenso gezeichneten Bereichsgrenze aus Bild 30). Aufgrund von Abschnitt 6 stimmt das Zeitverhalten der Trajektorien, die auf der x_1-Achse starten, mit dem Verhalten der Sprungantwort des vorliegenden Regelungssystems für den Fall $\underline{x}(0) = \underline{0}$ überein. Dieses ist in Bild 33 für eine Reihe von Führungsfunktionen $r(t) = a\sigma(t)$ mit unterschiedlichen Sprunghöhen a dargestellt. Zunächst fällt auf, daß das Überschwingen innerhalb sehr enger Grenzen liegt. In den Sprungantwort-Funktionen ist jeweils durch

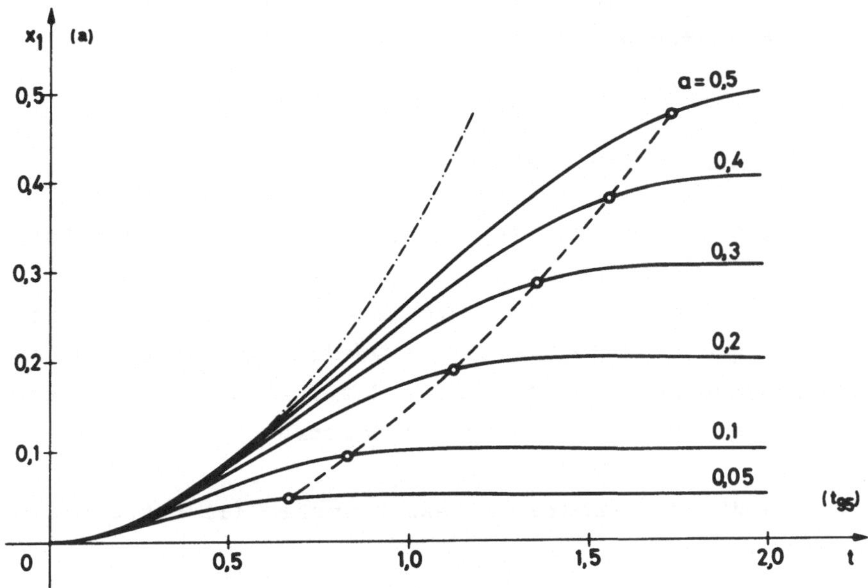

Bild 33 Sprungantwort-Funktionen zum nichtlinearen Regelungssystem, das in Bild 31 dargestellt ist

einen Kreis markiert, wann der Wert der Ausgangsgröße x_1 erstmals 95% des Sollwertes erreicht hat. Ersichtlich nehmen diese Zeiten $t_{95}(a)$ mit kleiner werdender Sprunghöhe a beträchtlich ab. Demgegenüber sind diese Zeiten bei Verwendung eines festen linearen Steuergesetzes unabhängig von der Größe von a, und zwar ergibt sich als günstigster Wert $t_{95}(a) \approx 2,1$ (wenn die vorliegende Steuergrößenbeschränkung für Sprunghöhen bis zur Größe $a = 0,5$ einzuhalten ist und wenn dabei 5% Überschwingen zugelassen wird). In dem Bild ist zum Vergleich strichpunktiert eingezeichnet, wie groß die Zeiten $t_{95}(a)$ bei Verwendung des zeitoptimalen Steuergesetzes in Abhängigkeit von a sind. Der vorliegende nichtlineare Regler führt ersichtlich zu Werten von $t_{95}(a)$, die bei kleinen Sprunghöhen a näher an den zeitoptimalen Werten als an dem Wert 2,1 liegen, der unter den genannten Voraussetzungen im günstigsten Fall mit einem festen linearen Steuergesetz erhältlich ist. Des weiteren stellt sich heraus, daß das vorliegende Regelungssystem aufgrund der Stetigkeit des Steuergesetzes (279) im Vergleich zum zeitoptimalen System viel weniger empfindlich gegenüber Variationen des Parameters Θ der Regelstrecke und gegenüber konstanten äußeren Störungen ist. Insbesondere tritt kein störendes "Rattern" auf (vergl. S. 38). Schließlich läßt sich durch Vergrößerung des Wertes von h_o erreichen

- und zwar ohne daß sich das sonstige Systemverhalten wesentlich ändert - daß die Endabweichung kleiner wird, die auftritt, wenn der Steuergröße u eine konstante äußere Störgröße additiv überlagert wird.

32. Anwendung auf beliebige Regelstrecken

Das nichtlineare Steuergesetz, das im vorigen Abschnitt zur Regelstrekke const/s^2 entworfen worden ist, ergab sich aus einer speziellen Schar linearer Steuergesetze, die "durch Probieren" aufgefunden worden sind. Es soll jetzt in großen Zügen skizziert werden, auf welche Weise sich das zugrundeliegende Syntheseverfahren, das in Abschnitt 30 beschrieben worden ist, auf beliebige Regelstrecken übertragen läßt.

Zu einem vollständig steuerbaren linearen System (1) betrachte man die Matrizengleichung

$$(\underline{A} - \underline{b}\,\underline{k}^T(\underline{h}))^T\underline{R} - \underline{R}(\underline{A} - \underline{b}\,\underline{k}^T(\underline{h})) = -\underline{L}^T\underline{L} \quad , \tag{284}$$

in der $\underline{L}$ eine nichtsinguläre obere Dreiecksmatrix darstellt, während $\underline{h}$ entsprechend Abschnitt 16.1 ein Parametervektor ist, der zu einer stabilen Matrix $\hat{\underline{A}} = \underline{A}^T - \underline{b}\,\underline{k}^T(\underline{h})$ führt. Die Matrix $\underline{L}^T\underline{L}$ ist dann in jedem Falle positiv definit, und das bedeutet aufgrund von Abschnitt 16.4, daß Gl. (284) eindeutig nach einer positiv definiten symmetrischen Matrix $\underline{R} = \underline{R}(\underline{h},\underline{L})$ auflösbar ist, die außer von den Systemgrößen $\underline{A}$ und $\underline{b}$ von $\underline{h}$ und $\underline{L}$ abhängig ist. Sei $\underline{x}(t)$ eine Trajektorie des Systems $\dot{\underline{x}} = \hat{\underline{A}}\,\underline{x}$, die in $\underline{x}_o = \underline{x}(t_o)$ startet. Dann geht aus dem Zusammenhang, in dem die Gln. (244) bis (252) stehen, hervor, daß diese Trajektorie die Umgebung G der Ruhelage $\underline{x} = \underline{O}$ nicht verläßt, die durch

$$G = \{\underline{x} \mid \underline{x}^T\underline{R}\,\underline{x} \leq \underline{x}_o^T\underline{R}\,\underline{x}_o\} \tag{285}$$

gegeben ist. Aus den Gln. (229) bis (231) kann man ablesen, daß sich der Maximalbetrag der Steuergröße u in der *gesamten* Umgebung G durch

$$|u|^2 \leq \underline{k}^T\underline{R}^{-1}\underline{k} \cdot \underline{x}_o^T\underline{R}\,\underline{x}_o \tag{286}$$

abschätzen läßt. Die Bedingung $|u| \leq u_o$ ist somit für alle Punkte von G erfüllt, wenn der Punkt $\underline{x}_o$ so gewählt ist, daß die rechte Seite von Gl. (286) den Wert u_o^2 besitzt. Das bedeutet, die Umgebung

$$G = \{\underline{x} \mid \underline{x}^T \underline{R}\, \underline{x} \leq \frac{u_o^2}{\underline{k}^T \underline{R}^{-1} \underline{k}}\} \tag{287}$$

stellt ein *abgeschlossenes Gebiet beschränkter Steuergröße* dar. Und zwar ergibt sich für jede Wahl von $\underline{h}$ und $\underline{L}$ eine derartige Umgebung G. Von zwei verschiedenen Umgebungen der Form (287) läßt sich nun leicht entscheiden, ob die eine von ihnen in der anderen enthalten ist (vergl. Gl.(215)). Damit ist klar, daß sich durch numerische Suchprozesse im Raum der Elemente von $\underline{h}$ und $\underline{L}$ eine Schar von Parametervektoren

$$\underline{h}_o, \underline{h}_1, \ldots, \underline{h}_r \tag{288}$$

finden läßt, die zu einer entsprechenden Schar von linearen Steuergesetzen

$$u = -\underline{k}^T(\underline{h}_o), \; u = -\underline{k}^T(\underline{h}_1), \; \ldots, \; u = -\underline{k}^T(\underline{h}_r) \tag{289}$$

führen, zu denen schließlich eine Schar von *ineinandergeschachtelten* abgeschlossenen Gebieten beschränkter Steuergröße

$$G_o \subset G_1 \subset \ldots \subset G_r \tag{290}$$

der Gestalt (287) gehört. Mit Hilfe des Verfahrens, das im Zusammenhang mit den Gln.(244) bis (252) beschrieben worden ist, lassen sich diese linearen Steuergesetze (289) bzw. Umgebungen (290) überdies so einrichten, daß der Forderung nach Zeitoptimalität im Rahmen der Möglichkeiten Rechnung getragen wird. Schließlich ist zu bemerken, daß Umgebungen der Form (287) in dem gewünschten Sinne geometrisch einfach sind, denn es erfordert keinen großen Realisierungsaufwand, zu entscheiden, ob ein Vektor $\underline{x}$ in einer solchen Umgebung gelegen ist oder nicht.

VII Realisierung von Steuergesetzen in Gestalt kontinuierlicher elektrischer Übertragungssysteme

Die in den vorangegangenen Kapiteln beschriebenen Syntheseverfahren führten z.T. zu verhältnismäßig einfachen Regelalgorithmen, für deren Realisierung ein kleinerer Digitalrechner ausreichend ist (Bild 20 und 28), oder es ergaben sich explizite Steuergesetze, die mit Hilfe konventioneller analoger Rechenelemente realisierbar sind (Bild 31). Daneben wurden einige Modifikationen des Syntheseverfahrens angegeben, die teilweise zu komplizierteren Regelalgorithmen führen. Im folgenden soll ein generelles Verfahren skizziert werden, das auf eine wesentlich vereinfachte Realisierung in allen diesen Fällen abzielt.

33. Realisierung von Steuergesetzen durch Approximationen in einem Raum von flexiblen Übertragungsfunktionen

Es soll jetzt davon ausgegangen werden, daß auf irgendeine Weise ein Steuergesetz

$$u = f(x_1, x_2, \ldots, x_n) = f(\underline{x}) \tag{291}$$

aufgefunden worden ist, das in Verbindung mit einer vorgelegten linearen Regelstrecke (1) zu einem bestimmten gewünschten Systemverhalten führt. Und zwar liege dieses Steuergesetz als *expliziter analytischer Ausdruck* oder als *rekursiver Algorithmus* vor. Die technische Realisierung eines derartigen Steuergesetzes kann natürlich im Prinzip stets so aussehen, daß man auf einen *Digitalrechner* zurückgreift, um den Wert der Steuergröße u in Abhängigkeit von den aktuellen Zustandsgrößen zu berechnen. Eine derartige Realisierungsform ist aber aus Gründen des Aufwandes, der Zuverlässigkeit und der endlichen Rechengeschwindigkeit eines Digitalrechners sehr häufig unbequem, insbesondere auch deshalb, weil die Größen $x_1, x_2, \ldots, x_n$, von denen die Steuergröße u abhängt, i.a. Meßgrößen sind, die als *kontinuierlich veränderliche Spannungen* anfallen, und weil auch die Steuergröße u meist als *kontinuierliche Spannung* auf die Regelstrecke zu schalten ist. Daher ist es oft wünschenswert, das Steuergesetz unmittelbar als kontinuierliches elektrisches Übertragungssystem gemäß Bild 34 zu realisieren. Dafür ist notwendig, daß der *funktionale Zusammenhang* zwischen der Ausgangsspannung u und den Eingangsspannungen $x_1, x_2, \ldots, x_n$ gerade dem Zusammenhang zwischen u und den Größen $x_1, x_2, \ldots, x_n$ entspricht, der durch das vorgelegte Steuergesetz gegeben ist.

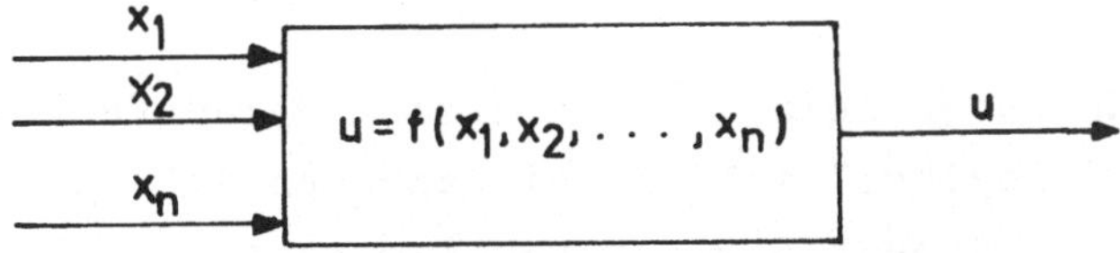

Bild 34 Realisierung eines Steuergesetzes durch ein kontinuierliches elektrisches Übertragungssystem

Es fragt sich, auf welche Weise sich eine derartige Realisierung eines vorgelegten Steuergesetzes finden läßt, die überdies möglichst einfach ist. Grundlegend hierfür ist die trivial erscheinende Feststellung, daß es für das resultierende Systemverhalten nicht auf die *analytische Struktur* des Steuergesetzes, sondern nur darauf ankommt, zu welchen Werten der Steuergröße u es in Abhängigkeit vom Zustandsvektor $\underline{x}$ führt. Es ist daher für die Realisierung eines Steuergesetzes nicht erforderlich, seine möglicherweise komplizierte analytische Struktur im einzelnen nachzubilden, so, wie beispielsweise die Struktur des in Bild 31 gezeigten Reglers vollkommen der mathematischen Struktur des zugrundeliegenden Steuergesetzes (279) entspricht. Stattdessen kann man danach fragen, ob sich nicht eine Funktion

$$u = \hat{f}(x_1, x_2, \ldots, x_n) = \hat{f}(\underline{x}) \tag{292}$$

finden läßt, deren analytische Struktur im Vergleich zum Steuergesetz (291) einfacher und daher leichter zu realisieren ist, die aber *wertemäßig* mit dem vorliegenden Steuergesetz übereinstimmt. Diese Frage erscheint deshalb nicht abwegig, weil die wertemäßige Übereinstimmung nicht für den gesamten Zustandsraum, sondern nur für den tatsächlich interessierenden, in der Praxis stets *beschränkten Arbeitsbereich* zu fordern ist und weil eine *exakte Übereinstimmung* der Funktionen (291) und (292) in diesem Arbeitsbereich nicht erforderlich ist, sondern eine mehr oder minder gute *Approximation* ausreichend ist. Im folgenden wird skizziert, wie man aufgrund dieser Überlegungen zu einer relativ einfachen Realisierung eines Steuergesetzes (291) gelangen kann.

(1) Man legt zunächst fest, welche technischen Bauelemente man für die Realisierung des Steuergesetzes verwenden will. Alsdann spezifiziere man ein generelles Übertragungssystem mit n Eingangsgrößen $x_1, x_2, \ldots, x_n$ und einer Ausgangsgröße u (Bild 34), dessen Übertragungsfunktion

$$u = \hat{f}(a_1,a_2,\ldots,a_r;x_1,x_2,\ldots,x_n) = \hat{f}(a_1,a_2,\ldots,a_r;\underline{x}) \tag{293}$$

aufgrund einer wählbaren Anzahl r von freien Parametern $a_1,a_2,\ldots,a_r$ mehr oder minder "flexibel" ist. Im einfachsten Fall wird es sich bei diesen Parametern um Kenngrößen von Bauelementen handeln, für die beliebige (innerhalb gewisser Grenzen gelegene) reelle Werte eingesetzt werden können, die also kontinuierlich veränderlich sind.[1] In Abschnitt 34 wird ein derartiges flexibles elektrisches Übertragungssystem beschrieben.

(2) Man definiere ein Maß dafür, wie gut die Funktion (293) in Abhängigkeit von den Parametern $a_1,a_2,\ldots,a_r$ mit dem Steuergesetz (291) übereinstimmt. Hierzu kann man den interessierenden Arbeitsbereich im Zustandsraum entsprechend Bild 27 durch ein Punktgitter (bestehend aus M Punkten $\underline{x}_1,\underline{x}_2,\ldots,\underline{x}_M$) überdecken und die "Fehlerfunktion"

$$Q(a_1,a_2,\ldots,a_r) = \frac{\alpha}{M}\sum_{j=1}^{M}\rho(\underline{x}_j)(f(\underline{x}_j)-\hat{f}(a_1,a_2,\ldots,a_r;\underline{x}_j))^2 + \beta \operatorname*{Max}_j|f(\underline{x}_j)-\hat{f}(a_1,a_2,\ldots,a_r;\underline{x}_j)| \tag{294}$$

einführen. Darin stellt der erste Term auf der rechten Seite im wesentlichen die über sämtliche Gitterpunkte erstreckte mittlere "Fehlerquadratsumme" dar, durch die gemessen wird, wie gut die "globale" Übereinstimmung der Funktionen f und $\hat{f}$ ist. Der zweite Summand gibt an, wie groß der "lokale" maximale Unterschied dieser beiden Funktionen in den Gitterpunkten ist. Die Größen α, β und $\rho(\underline{x}_j)$ stellen im Prinzip willkürlich wählbare nichtnegative Gewichtsfaktoren dar.

(3) Man minimisiere die Fehlerfunktion $Q(a_1,a_2,\ldots,a_r)$ auf numerischem Wege im Raum der Parameter $a_1,a_2,\ldots,a_r$, wobei von irgendwelchen Anfangswerten für diese Parameter ausgegangen wird. Wenn es sich um kontinuierlich veränderliche Parameter handelt, kommen für diesen Minimisierungsprozeß die verschiedenen Varianten des Gradientenverfahrens in Betracht.[2] Auf diese Weise gelangt man zu einem Parametersatz

1) Es kann sich aber auch um Parameter handeln, die nur *diskreter* Werte fähig sind, beispielsweise, wenn man Parameter einführt, durch die die *Struktur* des Übertragungssystems gekennzeichnet wird.

2) Vergl. Abschnitt 17. Parameter, die im Sinne der vorigen Fußnote nur diskreter Werte fähig sind, erfordern ein modifiziertes Minimisierungsverfahren. Eine hierfür geeignete Strategie, die auch den Fall kontinuierlich veränderlicher Parameter einschließt, wird an anderer Stelle beschrieben.

$a_1^o, a_2^o, \ldots, a_r^o$ und damit zu einer Funktion

$$u = \hat{f}(a_1^o, a_2^o, \ldots, a_r^o; \underline{x}) \quad , \tag{295}$$

die in dem interessierenden Arbeitsbereich "relativ gut" mit dem ursprünglichen Steuergesetz übereinstimmt.

(4) Man überprüfe, ob das resultierende Systemverhalten nach wie vor den erwünschten Spezifikationen entspricht, wenn man die erhaltene Funktion (295) anstelle der Ausgangsfunktion (291) in Verbindung mit der zugrundeliegenden Regelstrecke (1) als Steuergesetz verwendet. Hierzu kann man im Prinzip so vorgehen, daß man exemplarische Trajektorien des Systems numerisch simuliert. Ein derartiges "Stichprobenverfahren" gibt jedoch keinen ausreichenden Aufschluß über die Stabilität des Systems, die i.a. unter allen Umständen gewährleistet sein muß. Speziell ist sicherzustellen, daß das Steuergesetz (295) zu einer asymptotisch stabilen Ruhelage $\underline{x} = \underline{0}$ führt, deren Einzugsgebiet im Zustandsraum mindestens so groß wie der interessierende Arbeitsbereich ist.
Hierzu ist ein numerisches Verfahren geeignet, das auf dem Stabilitätssatz 2 aus Abschnitt 3 basiert [30]. Und zwar wird bei diesem Verfahren von einer quadratischen LJAPUNOV-Funktion der Form $V(\underline{x}) = \underline{x}^T \underline{P}\, \underline{x}$ mit positiv definiter Matrix $\underline{P}$ ausgegangen. Durch ein Gradientenverfahren wird diese Matrix $\underline{P}$ iterativ in dem Sinne geändert, daß sich ein zugehöriger Bereich der Form $W = \{\underline{x} | V(\underline{x}) < \text{const}\}$ mit möglichst großem Volumen ergibt, in dem für alle $\underline{x} \neq \underline{0}$ $dV(\underline{x})/dt < 0$ gilt. Die Überprüfung dieser Ungleichung für alle Punkte von W stellt dabei die eigentliche Schwierigkeit dar. Sie wird dadurch gelöst, daß man diese Bedingung nur für die Punkte eines *hinreichend feinen Gitters*, d.h. nur für endlich viele Punkte prüft. Wenn sich mit diesem Verfahren im vorliegenden Zusammenhang bereits ein Einzugsgebiet W ergibt, das den interessierenden Arbeitsbereich enthält, ist die Stabilität in dem gewünschten Sinne sichergestellt. Anderenfalls kann man das Verfahren in der Weise anwenden, daß man wiederholt von *unterschiedlichen Anfangswerten* für die Matrix $\underline{P}$ ausgeht, was zu unterschiedlichen Einzugsgebieten W führen kann. Die *Vereinigungsmenge* dieser Einzugsgebiete stellt dann ein u.U. ausreichend großes Einzugsgebiet dar. Weiterhin kann das zugrundeliegende Gradientenverfahren für den vorliegenden Zusammenhang dahingehend abgeändert werden, daß es nicht mehr auf ein möglichst großes Volumen der Umgebung W, sondern auf eine möglichst gute Übereinstimmung von W mit dem interessierenden Arbeitsbereich abzielt. Schließlich erscheint es sehr zweckmäßig, anstelle quadratischer Funktionen $V(\underline{x})$ *Funktionen höheren Grades*, z.B. der Form (76) zu verwenden, weil man auf diese Wei-

se zu Umgebungen $W = \{\underline{x} | V(\underline{x}) < const\}$ gelangt, deren *geometrische Gestalt differenzierter* ist.

Wenn sich auf diese Weise herausstellt, daß die Funktion (295) einen brauchbaren Ersatz für das ursprüngliche Steuergesetz darstellt, ist das vorliegende Realisierungsproblem unmittelbar gelöst.

(5) Falls die Funktion (295) im Vergleich zum Steuergesetz (291) noch zu keinem befriedigenden Systemverhalten führt, kann man das Gitter, auf dem die Fehlerfunktion (294) basiert, verfeinern. Damit gelangt man zu einer neuen Fehlerfunktion $\tilde{Q}(a_1,a_2,\ldots,a_r)$. Wenn für sie

$$\tilde{Q}(a_1^o,a_2^o,\ldots,a_r^o) \gg Q(a_1^o,a_2^o,\ldots,a_r^o) \tag{296}$$

gilt, bedeutet dies, daß die Übereinstimmung zwischen den Funktionen (291) und (295) nur in den Punkten des ursprünglichen Gitters "relativ gut" ist. In diesem Fall ist es sinnvoll, den Minimisierungsprozeß auf der Basis des verfeinerten Gitters zu wiederholen. Wenn dagegen

$$\tilde{Q}(a_1^o,a_2^o,\ldots,a_r^o) \approx Q(a_1^o,a_2^o,\ldots,a_r^o) \tag{297}$$

gilt, weist dies darauf hin, daß sich die Übereinstimmung der beiden interessierenden Funktionen weniger durch Wiederholung des Minimisierungsprozesses auf der Basis eines verfeinerten Gitters als vielmehr dadurch verbessern läßt, daß man die Flexibilität der Funktion (293) durch Hinzunahme weiterer Parameter erhöht. Daneben kann man die Gewichtsfaktoren, die in die Fehlerfunktion (294) eingehen, nach "empirischen Gesichtspunkten" modifizieren.

Das in den Schritten (1) bis (5) skizzierte Verfahren zur Realisierung eines vorgelegten Steuergesetzes stellt ersichtlich ein *systematisches Probierverfahren* dar. Es soll an dieser Stelle nicht auf die Frage eingegangen werden, ob sich für den Schritt (5) eine Strategie angeben läßt, nach der das Verfahren mit Sicherheit *irgendwann* zu einer befriedigenden Approximation führt. Das hängt vom Typ der Funktion (291) und von der Flexibilität der Funktion (293) ab. Vom praktischen Gesichtspunkt her ist diese Frage auch insofern nicht so wesentlich, als vielmehr interessiert, wieviel freie Parameter,d.h. *wieviel technischer Aufwand* erforderlich ist, um ein vorgelegtes Steuergesetz mit ausreichender Genauigkeit zu realisieren. Bisher sieht es so aus, als ob sich diese weitergehende Frage noch am einfachsten dadurch beantworten läßt, daß man das beschriebene Verfahren tatsächlich durchführt. Allerdings wäre es wünschenswert, der Frage nachzugehen, ob sich nicht unmittelbar aus dem Wert von $Q(a_1^o,a_2^o,\ldots,a_r^o)$ auf die Unterschiede im resultierenden Systemverhalten schließen läßt, zu denen das Steuergesetz (295) im Vergleich zum ursprünglichen Steuergesetz (291) führt. Das vorliegende Verfahren zur Realisierung eines Steuergesetzes $u = f(\underline{x})$ läßt sich im Prinzip in Verbindung mit *jedem* Syntheseverfahren verwenden, das zu einem derartigen Steuergesetz führt. Dies gilt beispielsweise für das Syntheseverfahren, das in Kapitel VI skizziert worden ist. Demgegenüber führen die Syntheseverfahren, die in den Kapiteln IV und V beschrieben worden sind, zu Steuergrößenwerten u, die - außer vom aktuellen Zustandsvektor - noch von dem Anfangspunkt $\underline{x}_o$ der jeweiligen Trajektorie abhängig sind. Um auch mit diesen Verfahren eine eindeutige Belegung der verwendeten Gitterpunkte mit Steuergrößenwerten u zu erhalten, kann man so vorgehen, daß man jeden Gitterpunkt als Anfangspunkt einer Trajektorie auffaßt. Dieses Vorgehen wird nachträglich gerechtfertigt, wenn im Schritt (4) des vorliegenden Realisierungsverfahrens ein befriedigendes resultierendes Systemverhalten - insbesondere Stabilität - festgestellt wird.

34. Summen von n-dimensionalen Rampenfunktionen als leicht zu realisierende flexible Übertragungsfunktionen

Im folgenden wird ein elektrisches Übertragungssystem beschrieben, das entsprechend Bild 34 durch n Eingangsspannungen $x_1,x_2,\ldots,x_n$ und eine Ausgangsspannung u gekennzeichnet ist und dessen Übertragungsfunktion aufgrund einer frei wählbaren Anzahl von einstellbaren Parametern "flexibel" ist. Und zwar wird beim Entwurf dieses Übertragungssystems von Widerständen, Dioden und Operationsverstärkern als Bauelementen ausgegangen. Gegenüber der in Bild 31 dargestellten Realisierung eines Steuergesetzes, die sich auf Addierer, Multiplizierer und Diodenfunktionsgeber, d.h. auf konventionelle analoge Rechenelemente als kleinste Bausteine stützt, werden hier *Einzelkomponenten* dieser Rechenelemente als Bausteine zugrundegelegt, da sich auf diese Weise bei gleichem technischen Aufwand eine größere Flexibilität der Übertragungsfunktion erreichen läßt.

Für das folgende genügt es, sich zunächst auf den zweidimensionalen Fall, d.h. auf die Spezifizierung eines flexiblen Übertragungssystems mit zwei Eingangsspannungen x_1, x_2 zu beschränken. Grundlegend hierfür ist die Schaltung, die in Bild 35 dargestellt ist. Darin werden dem

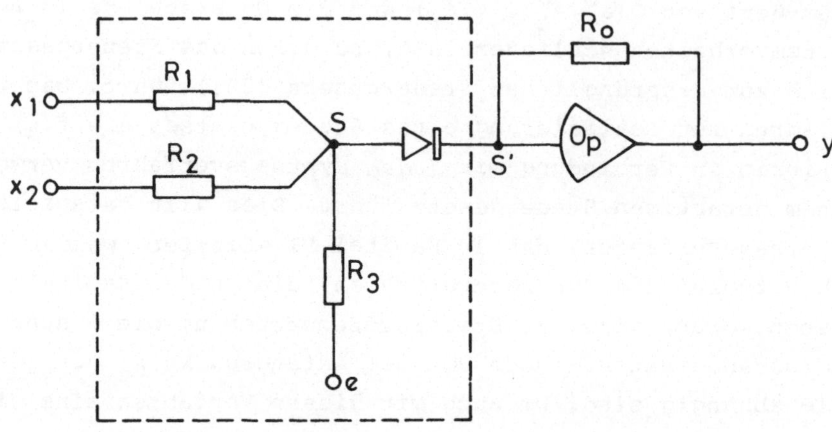

Bild 35 Grundschaltung, die eine zweidimensionale Rampenfunktion realisiert

Punkt S über drei Widerstände R_1, R_2 und R_3 die Spannungen x_1,x_2 und e zugeführt. Weiterhin stellt eine Diode eine Verbindung zwischen dem Punkt S und einem rückgekoppelten Operationsverstärker her, dessen Ausgangsspannung y ist. Solange die Diode sperrt, läßt sich die Spannung u_S, die sich im Punkt S einstellt, mit Hilfe des OHMschen Gesetzes berechnen, und zwar gilt in diesem Fall

$$u_S = \frac{R_1 \; R_2 \; R_3}{(R_2R_3+R_1R_3+R_1R_2)} \left(\frac{1}{R_1}x_1 + \frac{1}{R_2}x_2 + \frac{1}{R_3}e\right) \quad . \qquad (298)$$

Weiterhin hat die Spannung im Punkt S' bei gesperrter Diode den Wert Null, so daß für die Ausgangsspannung

$$y(x_1,x_2) = 0 \qquad (299)$$

gilt. Wird die Diode als ideal vorausgesetzt, so sperrt sie so lange, wie die Spannung im Punkt S kleiner als die Spannung im Punkt S' ist. Daher beschreibt Gl.(299) das Übertragungsverhalten des vorliegenden Systems richtig, solange aus Gl.(298) $u_S < 0$ resultiert. Wenn die Diode geöffnet ist und daher im idealisierten Fall wie eine durchgehende Verbindung zwischen den Punkten S und S' wirkt, stellt das vorliegende System ein konventionelles Addierglied mit den drei Eingängen x_1,x_2 und e dar [31], und zwar gilt in diesem Fall

$$y(x_1,x_2) = -\frac{R_o}{R_1}x_1 - \frac{R_o}{R_2}x_2 - \frac{R_o}{R_3}e \quad . \tag{300}$$

Die Grenze zwischen beiden Arbeitsbereichen ist durch diejenigen Wertepaare $\underline{x} = (x_1,x_2)$ bestimmt, für die der Ausdruck (298) den Wert Null annimmt. Dies ist ersichtlich genau für alle Punkte $\underline{x}$ der Fall, die auf der Geraden liegen, die in Bild 36 näher bezeichnet ist.

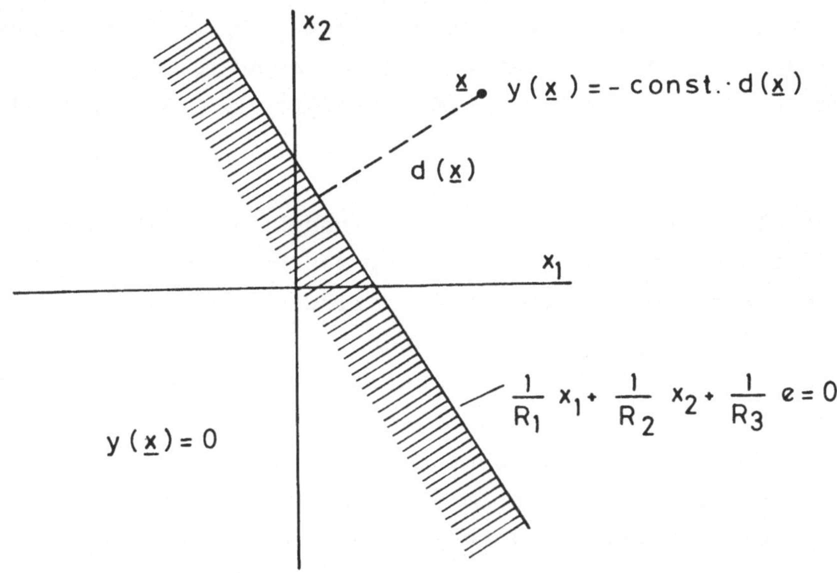

Bild 36 Werteverteilung einer zweidimensionalen Rampenfunktion

Für derartige Punkte und für solche, die in dem Halbraum links von dieser Geraden gelegen sind, gilt aufgrund der obigen Feststellungen stets $y(\underline{x}) = 0$. Für die Punkte im rechten Halbraum gilt dagegen die Beziehung (300). Daraus läßt sich ablesen, daß der Wert von y dort proportional zum Abstand $d(\underline{x})$ des jeweiligen Punktes $\underline{x}$ von der Grenzgeraden *abfällt*. Insgesamt ergibt sich eine in der ganzen x_1-x_2-Ebene stetige Funktion $y = y(x_1,x_2)$, die aufgrund ihres Werteverlaufes als "zweidimensionale Rampenfunktion" bezeichnet werden soll.

Werden die Werte der stets positiven Widerstände R_1,R_2 und R_3 sowie der Spannung e variiert, so ändert sich die Lage der Grenzgeraden, jedoch wird ihre Steigung auf diese Weise nie positiv, und der Halbraum, in dem $y(\underline{x}) = 0$ gilt, liegt bezüglich dieser Geraden immer "unten" bzw. "links". Wenn man aber die in Bild 35 gezeigte Grundschaltung durch zwei vorangeschaltete Inverter ergänzt, mit denen das Vorzeichen einer oder beider ankommender Spannungen x_1 und x_2 gegebenenfalls umgekehrt wird, so ist leicht zu sehen, daß sich mit dieser erweiterten Schaltung die Lage der Grenzgeraden sowie des zugehörigen Halbraumes, in dem $y(\underline{x}) = 0$ gilt, beliebig einrichten läßt. Wird die Richtung der Diode in der Grundschaltung umgekehrt, so ändert sich die Lage der Grenzgeraden nicht, aber es vertauschen sich die Rollen der Halbräume dergestalt, daß die Ausgangsgröße in dem Halbraum, wo bisher $y(\underline{x}) = 0$ galt, nunmehr proportional zum Abstand des Punktes $\underline{x}$ von der Grenzgeraden *ansteigt*, während im anderen Halbraum stets $y(\underline{x}) = 0$ gilt. Damit ist klar, daß sich mit der vorliegenden (gegebenenfalls erweiterten) Grundschaltung *jede beliebige* zweidimensionale Rampenfunktion realisieren läßt.

Werden anstelle eines einzigen Widerstands-Dioden-Netzwerkes, wie es in Bild 35 eingerahmt dargestellt ist, mehrere derartige Netzwerke parallel auf einen rückgekoppelten Operationsverstärker geschaltet, so entsteht ein Gesamtsystem, dessen Übertragungsfunktion $y = y(x_1,x_2)$ eine Summe von Rampenfunktionen darstellt. Und zwar handelt es sich um die Summe derjenigen Rampenfunktionen, die zu den Einzelzweigen gehören. Bild 37 zeigt ein derartiges System, das eine Summe von Rampenfunktionen realisiert. In diesem System erkennt man auf der Eingangsseite zusätzlich zwei Inverter, die dafür sorgen, daß außer den Eingangsgrößen x_1 und x_2 auch die Spannungen $-x_1$ und $-x_2$ als Eingangsspannungen der Widerstands-Dioden-Zweige verfügbar sind. (Die Inverter sind jeweils aus einem Operationsverstärker und zwei Widerständen, also aus den vereinbarten Komponenten aufgebaut). Der diodenfreie oberste Zweig stellt übrigens insofern keine Abweichung vom allgemeinen Strukturschema dar, als er den linearen Anteil $y_{LIN} = -(R_o/R_1)x_1 - (R_o/R_2)x_2$ zur Ausgangsgröße y beiträgt, der seinerseits als Summe zweier spezieller Rampenfunktionen aufgefaßt werden kann. Die Übertragungsfunktion $y = y(x_1,x_2)$ des vorliegenden Systems ist daher aus insgesamt acht Rampenfunktionen aufgebaut. Analog lassen sich Summen von beliebig vielen beliebig aussehenden Rampenfunktionen realisieren. Dabei ist *bemerkenswert*, daß sich bei einer Vergrößerung der Anzahl der beteiligten Rampenfunktionen (und damit der Flexibilität) nur die Anzahl der Widerstände und Dioden, nicht aber die Anzahl der (vergleichsweise aufwendigeren) Operationsverstärker erhöht.

In entsprechender Weise stellen sich die Definition und Realisierung von "n-dimensionalen Rampenfunktionen" dar. Und zwar tritt im mehrdimensionalen Fall an die Stelle der Grenzgeraden (Bild 36) eine *Hyper-*

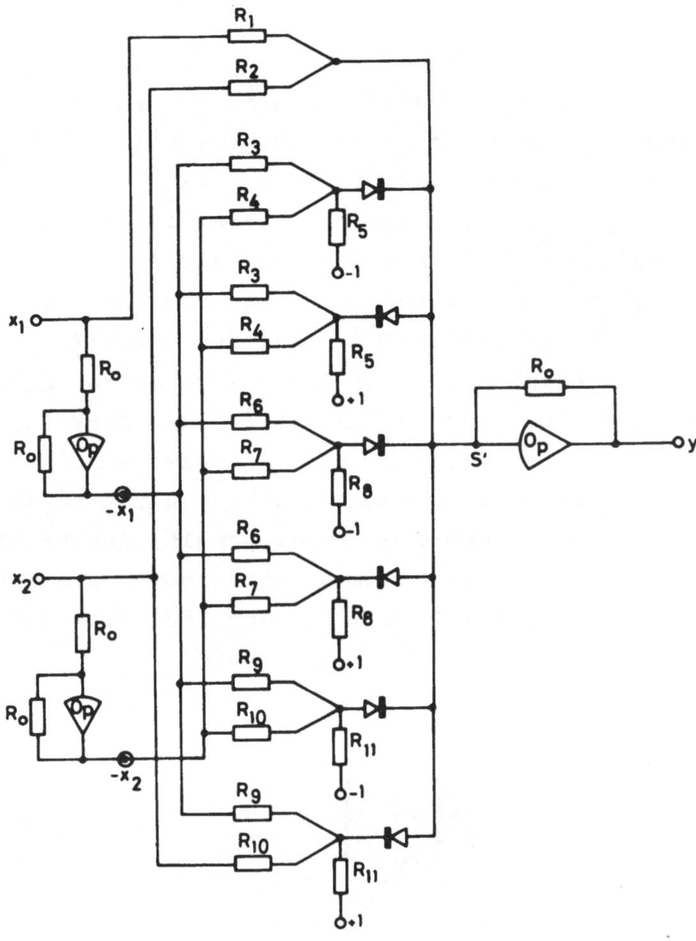

Bild 37 Beispiel eines Übertragungssystems, dessen Übertragungsfunktion eine Summe von Rampenfunktionen darstellt

ebene, durch die der Zustandsraum in zwei Halbräume zerlegt wird. Eine n-dimensionale Rampenfunktion $y = y(\underline{x})$ sieht dann analog so aus, daß in dem einen Halbraum $y(\underline{x}) = 0$ gilt, während in dem anderen Halbraum der Funktionswert $y(\underline{x})$ proportional zum Abstand $d(\underline{x})$ des jeweiligen Punktes $\underline{x}$ von der Hyperebene ansteigt bzw. abfällt. Summen von derartigen Rampenfunktionen lassen sich durch Übertragungssysteme realisieren, die wie im zweidimensionalen Fall aufgebaut sind (Bild 37), nur treten jetzt n Eingangsgrößen $x_1, x_2, \dots, x_n$ sowie n Inverter auf, und es werden von den Spannungen $x_1, x_2, \dots, x_n, -x_1, -x_2, \dots, -x_n$ in jedem Widerstands-Dioden-Zweig jeweils n Größen über ebensoviele Widerstände der Diode zugeführt. Der Realisierungsaufwand ist im n-dimensionalen Fall im wesentlichen durch n+1 Operationsverstärker und ferner durch eine Anzahl von Widerständen und Dioden bestimmt, die von der Anzahl der beteiligten Rampenfunktionen abhängt.

Es soll jetzt gezeigt werden, daß eine Summe von r Rampenfunktionen *in dem Sinne* flexibel ist, daß sie bei einer geeigneten Wahl der Rampenfunktionen in r beliebig wählbaren Punkten $\underline{x}_1, \underline{x}_2, \ldots, \underline{x}_r$ beliebig vorgeschriebene Werte $y_1, y_2, \ldots, y_r$ annimmt. Dabei ist es ausreichend, dies für den zweidimensionalen Fall nachzuweisen (im n-dimensionalen Fall ergibt es sich völlig analog). Zur Vereinfachung der Argumentation (und da für die hier interessierenden Steuergesetze $u = u(\underline{x})$ stets $u(\underline{O}) = 0$ gilt) soll davon ausgegangen werden, daß die gewählten Punkte $\underline{x}_1, \underline{x}_2, \ldots,$ $\underline{x}_r$ von $\underline{O}$ verschieden sind und daß *zusätzlich* der Punkt $\underline{x}_o = \underline{O}$ mit dem zugehörigen Wert $y_o = 0$ betrachtet wird. Zum Beweis numeriere man nun die gewählten Punkte im Zustandsraum derart, daß von je zwei Punkten $\underline{x}_i$ und $\underline{x}_j$ stets derjenige den größeren Index erhält, dessen Abstand vom Ursprung der größere ist. Bei gleichem Abstand vom Ursprung ist die Numerierung willkürlich (vergl. Bild 38). Dann läßt sich zunächst eine

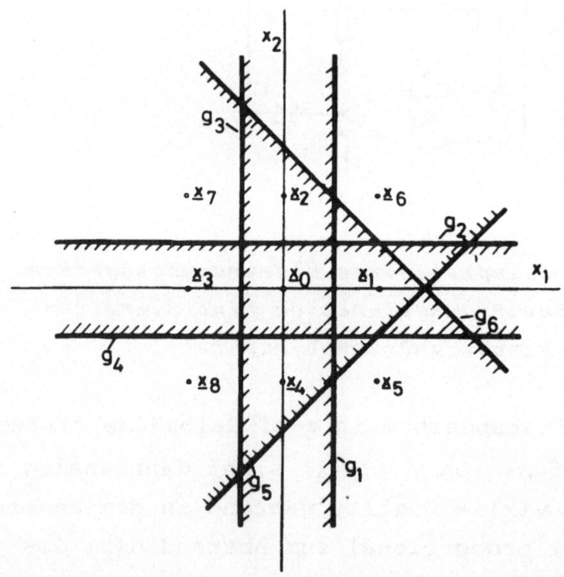

Bild 38 Zur Illustration der Flexibilität einer Summe von Rampenfunktionen

Rampenfunktion angeben, die im Punkt $\underline{x}_o$ keinen Beitrag (d.h. den Wert Null) und im Punkt $\underline{x}_1$ den dort vorgeschriebenen Wert y_1 liefert. Und zwar kann man als Grenzgerade der gesuchten Rampenfunktion jede Gerade g_1 wählen, die die Punkte $\underline{x}_o$ und $\underline{x}_1$ voneinander trennt. In dem zugehörigen Halbraum, in dem $\underline{x}_o$ liegt, lege man überall den Wert 0 fest, während sich die Steigung der Rampe in dem anderen Halbraum stets so einrichten läßt, daß die resultierende Rampenfunktion im Punkt $\underline{x}_1$ gerade den dort vorgeschriebenen Wert y_1 besitzt. Entsprechend kann man eine zweite Rampenfunktion konstruieren, die in den Punkten $\underline{x}_o$ *und* $\underline{x}_1$ keinen Beitrag und im Punkt $\underline{x}_2$ den dort vorgeschriebenen Wert y_2 liefert.Als Grenzgerade g_2 ist jede Gerade g_2 geeignet, die den Punkt $\underline{x}_2$ von den Punkten $\underline{x}_o$ und $\underline{x}_1$ trennt. Dieses Konstruktionsverfahren läßt sich bis zum r-ten Punkt $\underline{x}_r$ fortsetzen, denn man kann leicht zeigen, daß sich ein Punkt $\underline{x}_j$ stets durch eine Gerade (Hyperebene) von endlich vielen Punkten $\underline{x}_o, \underline{x}_1, \underline{x}_2, \ldots, \underline{x}_{j-1}$ trennen läßt, deren Abstände vom Ursprung sämtlich nicht größer als der des Punktes $\underline{x}_j$ sind. Bei diesem Konstruktionsverfahren liefert also die j-te Rampenfunktion in den Punkten mit kleinerem Index den Wert Null und im Punkt $\underline{x}_j$ den vorgeschriebenen Wert. Damit ist klar, daß die Summe über sämtliche r Rampenfunktionen in den Punkten $\underline{x}_o, \underline{x}_1, \ldots, \underline{x}_r$ gerade die dort vorgeschriebenen Werte liefert.[1)]

In Gestalt der Summen von Rampenfunktionen liegen somit (überall stetige) leicht zu realisierende flexible Funktionen vor, wie sie für das Approximationsverfahren erforderlich sind, das im vorigen Abschnitt beschrieben worden ist. In diesem Zusammenhang ist zu bemerken, daß durch den Ausdruck

$$y(\underline{x}) = \begin{cases} \underline{k}^T\underline{x} + k_{n+1} & \text{falls auf diese Weise } \varepsilon y(\underline{x}) > 0 \\ 0 & \text{sonst} \end{cases} \tag{301}$$

eine Parameterdarstellung aller n-dimensionalen Rampenfunktionen gegeben ist, wenn man für die n Komponenten des Vektors $\underline{k}$ und für k_{n+1} beliebige reelle Werte und für ε die Werte +1 und -1 zuläßt (Man vergleiche mit Gl.(300). Dem Wert von ε entspricht die Richtung der Diode). Die Menge aller n-dimensionalen Rampenfunktionen ist damit durch n+1 *kontinuierlich veränderliche* Parameter und einen weiteren Paramter gekenn-

1) Das für den Beweis verwendete Konstruktionsverfahren soll keineswegs als Ersatz für das Approximationsverfahren dienen, das im vorigen Abschnitt beschrieben worden ist. Es läßt sich nämlich zeigen, daß es im Sinne einer möglichst "gleichmäßigen" Approximation des vorgelegten Steuergesetzes durch eine Summe von Rampenfunktionen liegt, wenn die Anzahl der Punkte $\underline{x}_j$, auf die man sich stützt, wesentlich größer als die Anzahl der verwendeten Rampenfunktionen ist.

zeichnet, der nur zwei *diskrete* Werte annehmen kann. Wenn aber für das zu approximierende Steuergesetz - wie meist -

$$u(-\underline{x}) = -u(\underline{x}) \tag{302}$$

gilt, so kann man bei der Durchführung des Approximationsverfahrens von vornherein jeweils zwei symmetrisch zum Ursprung gelegene Rampenfunktionen zusammenfassen und auf diese Weise den diskreten Parameter eliminieren. Die Symmetrie (302) führt im übrigen auch dazu, daß man bei der Durchführung des Approximationsverfahrens die Anzahl der verwendeten Gitterpunkte halbieren kann.

35. Anwendung auf die direkte Realisierung von Steuergesetzen

Mit dem angegebenen Approximationsverfahren konnten mit Erfolg eine Reihe von Steuergesetzen für Systeme zweiter und dritter Ordnung realisiert werden, die aus den oben beschriebenen Syntheseverfahren resultieren. Dabei wurde von Übertragungssystemen ausgegangen, die *im wesentlichen* Bild 37 entsprechen, deren Übertragungsfunktionen also Summen von Rampenfunktionen sind. Und zwar wurden diese Übertragungssysteme - vor der Durchführung des Approximationsverfahrens - durch ein nachgeschaltetes Sättigungsglied mit der Übertragungsfunktion

$$u(y) = \begin{cases} -u_o , & y \leq -u_o \\ y , & -u_o \leq y \leq +u_o \\ +u_o , & y \geq u_o \end{cases} \tag{303}$$

ergänzt (Diese Übertragungsfunktion stellt ersichtlich eine Summe von zwei eindimensionalen Rampenfunktionen dar, läßt sich also mit Hilfe von zwei Operationsverstärkern und einigen Widerständen und Dioden realisieren). Durch dieses nachgeschaltete Sättigungsglied wird erreicht, daß die Approximationsfunktionen *von vornherein* - wie die zu realisierenden Steuergesetze - einer vorgegebenen Steuergrößenbeschränkung $|u| \leq u_o$ genügen.

Auf diese Weise ergab sich z.B., daß sich das Steuergesetz (279) im Arbeitsbereich $|x_1| \leq 0{,}5$, $|x_2| \leq 0{,}5$ mit ausreichender Genauigkeit durch eine Summe von acht Rampenfunktionen approximieren läßt, und zwar derart, daß gerade das in Bild 37 gezeigte Übertragungssystem die zugehörige Realisierung darstellt. Dies bedeutet eine wesentliche Reduzierung des technischen Aufwandes gegenüber der Realisierungsform, die in Bild 31 dargestellt ist (Bei der Durchführung des Approximationsverfahrens wurden in diesem Fall 121 Gitterpunkte sowie in Gl.(294) die Gewichtsfaktoren $\alpha = 1$, $\beta = 0$ und $\rho(\underline{x}_j) = 1$ für alle j zugrundegelegt).

Hinsichtlich der erreichbaren Genauigkeit ist zu bemerken, daß sich die angesetzte Summe von Rampenfunktionen *mathematisch* um so besser an das vorgegebene Steuergesetz anpassen läßt, je mehr Rampenfunktionen an dieser Summe beteiligt sind. Die *technisch* erreichte Realisierungsgenauigkeit weicht aber insofern geringfügig von der berechneten ab, als in dem bisherigen Ansatz von *idealisierten* Dioden ausgegangen wurde. Wird daher auf eine ungewöhnlich gute Realisierungsgenauigkeit Wert gelegt, so ist das Approximationsverfahren auf der Basis der realen Diodenkenndaten durchzuführen.

36. Anwendungen auf die Synthese nach LJAPUNOV

In der bisherigen Darstellung zielte das Approximationsverfahren unmittelbar auf die Realisierung von *Steuergesetzen* $u = f(\underline{x})$ ab. Es kann aber ebenso dazu verwendet werden, *LJAPUNOV-Funktionen* $V = V(\underline{x})$ zu realisieren, aus denen sich das eigentliche Steuergesetz entsprechend Abschnitt 14 *mittelbar* ergibt. Wie man dabei vorgehen kann, wird im folgenden in fünf Schritten kurz skizziert. Dazu soll von der Aufgabe ausgegangen werden, den Zustandsvektor eines linearen Systems (1) aus Anfangsauslenkungen, die irgendwo innerhalb eines interessierenden Arbeitsbereiches liegen, unter Einhaltung einer vorgegebenen Steuergrößenbeschränkung in den Ursprung zu überführen, und zwar derart, daß dabei ein bestimmtes Güteintegral der Form (45) oder (65) einen möglichst geringen Wert annimmt.

(1) Man überdeckt den interessierenden Arbeitsbereich im Zustandsraum durch ein "hinreichend feines" Punktgitter (vergl. Bild 27). Für jeden Gitterpunkt $\underline{x}_j$ berechnet man den kleinstmöglichen, d.h. optimalen, oder einen möglichst in der Nähe gelegenen größeren, d.h. suboptimalen Wert $J(\underline{x}_j)$ des verwendeten Güteintegrals, der sich unter Berücksichtigung der gegebenen Steuergrößenbeschränkung für Trajektorien mit Anfangspunkt $\underline{x}_j$ ergibt. Zur Berechnung von *optimalen* Werten kann man sich des Maximumprinzips von PONTRYAGIN (Abschnitt 13) oder der dynamischen Programmierung [32] bedienen. Beides sind aufwendige Verfahren, aber dies fällt insofern nicht allzu stark ins Gewicht, als diese (numerischen)

Rechnungen für sämtliche Gitterpunkte $\underline{x}_j$ *nur ein einziges Mal* auszuführen sind. Legt man ein quadratisches Güteintegral der Form (165) zugrunde, so kann man als *suboptimalen* Wert in jedem Punkt $\underline{x}_j$ den nach Abschnitt 16.4 berechenbaren Wert $J(\underline{x}_j,\underline{k})$ wählen, wobei $\underline{k}$ ein bezüglich $\underline{x}_j$ zulässiger und suboptimaler Vektor ist (Bild 19).

(2) Man setzt als Funktion $V(\underline{x})$ eine Summe von Rampenfunktionen[1)] mit zunächst noch freien Parametern an und bestimmt diese Parameter mit Hilfe eines Gradientenverfahrens so, daß die Funktion $V(\underline{x})$ in den gewählten Gitterpunkten möglichst gut mit den Werten $J(\underline{x}_j)$ übereinstimmt, die in Schritt 1 ermittelt worden sind. Hierzu ist zu bemerken, daß diese Approximation im Vergleich zur Approximation von Steuergrößenwerten $u(\underline{x}_j)$ dadurch erleichtert wird, daß der Verlauf der Werte $J(\underline{x}_j)$ im Zustandsraum i. a. "glatter" ist. Beispielsweise läßt sich einsehen, daß die optimalen Werte des zugrundeliegenden Güteintegrals längs eines Halbstrahls $H = \{\underline{x} | \underline{x} = \lambda \underline{x}_o, \lambda \geq 0\}$ mit $\lambda \to \infty$ nicht abnehmen können.

(3) Alsdann kommt es darauf an, aus der Funktion $V(\underline{x})$ ein Steuergesetz zu konstruieren, das möglichst zu einer Minimisierung des verwendeten Güteintegrals führt und das somit dem zugehörigen optimalen Steuergesetz $u = f^*(\underline{x})$ möglichst gut entspricht. Nimmt man den i.a. natürlich nicht gegebenen Fall an, daß die Funktion $V(\underline{x})$ gerade die *optimalen* Werte des Güteintegrals liefert, so läßt sich das optimale Steuergesetz *exakt* aus der Funktion $V(\underline{x})$ konstruieren, wie am Schluß von Abschnitt 14 nachgewiesen worden ist. Und zwar ist das optimale Steuergesetz durch Minimisierung von $dV(\underline{x})/dt$ in jedem Punkt $\underline{x}$ in Abhängigkeit von u und somit durch den Ausdruck (71) bestimmt, wenn ein Güteintegral der Form (65) zugrundeliegt, d.h. wenn es um Zeitoptimalität geht. Bei Güteintegralen der Form (45) ergibt sich das optimale Steuergesetz dagegen durch Minimisierung von $dV(\underline{x})/F(\underline{x},u)dt$ in Abhängigkeit von u, wobei $F(\underline{x},u)$ die (positive) Kostenfunktion aus dem Güteintegral darstellt. Aufgrund dieser Überlegungen ist es naheliegend, das Steuergesetz auf analoge Weise zu bilden, wenn die Funktion $V(\underline{x})$ *nur suboptimale* Werte des verwendeten Güteintegrals liefert. In diesem Fall ist dann allerdings nicht mehr gesichert, daß dies die beste Bildungsweise darstellt, die auf der Grundlage der vorliegenden Funktion $V(\underline{x})$ möglich ist. Wenn ein Güteintegral der Form (65) zugrunde gelegt, d.h. wenn Zeitoptimalität an-

---

1) Wenn es nicht unbedingt auf eine besonders einfache Realisierung der Funktion $V(\underline{x})$ ankommt, dann kann man diese Funktion $V(\underline{x})$ auch in der Form (76) ansetzen. Aufgrund von Abschnitt 14 ergeben sich dann Vorteile für die Prüfung auf Stabilität, die entsprechend Schritt 4 durchzuführen ist.

gestrebt wird, dann kann man z.B. in den aufeinanderfolgenden Zeitpunkten (196) jeweils eine Steuerfunktion u(t) bestimmen, die vom aktuellen Punkt $\underline{x}_i = \underline{x}(t_i)$ aus zu einem Punkt $\underline{x}_{i+1} = \underline{x}(t_{i+1})$ führt, für den der Wert von $V(\underline{x}_{i+1})$ möglichst klein ist. Dies entspricht der Minimisierung des *Differenzen*quotienten $\Delta V(\underline{x})/\Delta t$. Die Bestimmung derartiger Funktionen wird sehr erleichtert, wenn man sich dabei auf Funktionen beschränkt, deren Verlauf im Intervall $[t_i, t_{i+1}]$ durch endlich viele Parameter gekennzeichnet ist, die also beispielsweise stückweise konstant bzw. im einfachsten Fall während des gesamten Zeitintervalls konstant sind. In entsprechender Weise kann man vorgehen, wenn Güteintegrale der Form (45) vorliegen.

(4) Anschließend ist entsprechend Abschnitt 33 (Schritt 4) zu prüfen, ob das so konstruierte Steuergesetz zu einer asymptotisch stabilen Ruhelage mit einem ausreichend großen Einzugsgebiet führt. Wenn das nicht der Fall ist, so weist dies darauf hin, daß das zugrundeliegende Gitter zu verfeinern bzw. die Anzahl der Rampenfunktionen, aus denen $V(\underline{x})$ aufgebaut ist, zu vergrößern ist.

(5) Was die Realisierung des resultierenden Steuergesetzes angeht, so ist zu bemerken, daß sich die Funktion $V(\underline{x})$ als Summe von Rampenfunktionen durch ein Übertragungssystem realisieren läßt, das Bild 37 entspricht. Daneben ist es erforderlich, zur Konstruktion des eigentlichen Steuergesetzes den Ausdruck $dV(\underline{x})/dt$ bzw. $dV(\underline{x})/F(\underline{x},u)dt$ in jedem Punkt $\underline{x}$ in Abhängigkeit von u zu minimisieren. Diese Rechenoperation läßt sich z.B. mit Hilfe weniger konventioneller analoger Rechenelemente durchführen.

Gegenüber der unmittelbaren Realisierung eines Steuergesetzes $u = f(\underline{x})$ weist das vorliegende Verfahren den Vorteil auf, daß in der Größe $V(\underline{x})$ ständig ein aktuelles Maß dafür zur Verfügung steht, ob sich eine Trajektorie - wie geplant - auf dem Wege zum Ursprung befindet oder ob irgendeine außergewöhnliche Störung eingetreten ist, die besondere Gegenmaßnahmen erforderlich macht.

Literatur

1. LANDGRAF, C., SCHNEIDER, G. : Elemente der Regelungstechnik. Berlin, Heidelberg, New York: Springer, 1970.

2. SCHULTZ, D.G., MELSA, J.L.: State Functions and Linear Control Systems. New York: McGraw-Hill, 1967.

3. LA SALLE, J., LEFSCHETZ, S.: Stability by Liapunov's Direct Method with Applications. New York: Academic Press Inc., 1961. (Übersetzung: Die Stabilitätstheorie von LJAPUNOW. Mannheim: Bibliographisches Institut, 1967).

4. vergl. 2.) S. 170 ff.

5. vergl. 3.) S. 58.

6. vergl. 2.) S. 264 ff. sowie S. 280.

7. PONTRJAGIN, L.S. und andere: Mathematische Theorie optimaler Prozesse. München, Wien: Oldenbourg, 1967, (Übersetzung).

8. WONHAM, W.M., JOHNSON, C.D.: Optimal Bang-Bang Control with Quadratic Performance Index. J. Basic Engr. ser. D, vol. 86, S. 107-115, March, 1964.

9. vergl. 2.) S. 177.

10. OGATA, K.: State Space Analysis of Control Systems. Englewood Cliffs, N.J.: Prentice-Hall, 1967, S. 461 ff.

11. vergl. 10.) S. 146 ff.

12. GANTMACHER, F.R.: Matrizenrechnung, Teil I. Berlin: VEB Deutscher Verlag der Wissenschaften, 1965 (2. Aufl.), S. 148.

13. TOU, J.T.: Determination of the Inverse Vandermonde Matrix, IEEE Trans. Automatic Control (Correspondence), vol. AC-9, S. 314, July 1964.

14. REIS, G.C.: A Matrix Formulation for the Inverse Vandermonde Matrix. IEEE Trans. Automatic Control (Correspondence), vol. AC-12, S. 793, October 1967.

15. KAUFMAN, I.: The Inversion of the Vandermonde Matrix and the Transformation to the Jordan Canonical Form. IEEE Trans. Automatic Control (Correspondence), vol. AC-14, pp. 774-777, Dec. 1969.

16. vergl. 10.), S. 461 ff.

17. BELLMAN, R.: Introduction to Matrix Analysis. New York: McGraw-Hill 1960,S. 243-244.

18. ROSENBROCK, H.H.: An Automatic Method for Finding the Greatest or Least Value of a Function. Computer Journal, 3, 1960, S. 175-184.

19. ZURMÜHL, R.: Matrizen. Berlin, Göttigen, Heidelberg: Springer 1964, S. 66.

20. KIENDL, H.: Synthese nichtlinearer Regler durch abschnittweise Verwendung linearer Steuergesetze bei gegebenen Beschränkungen von Steuer- und Zustandsgrößen. Habilitationsschrift, Bochum 1971.

21. vergl. 1.) S. 114.

22. vergl. 2.) S. 302 ff.

23. KREINDLER, E.,HEDRICK J.K.: On Equivalence of Quadratic Loss Functions. Int. J. Control, 1970, vol. 11, No. 2, 213-222.

24. vergl. 2.) S. 182 ff.

25. vergl. 2.) S. 184.

26. FREEMAN, H.: Discrete-Time Systems, New-York, London, Sydney: Wiley, 1965, S. 162 ff.

27. KALMAN, R.E.: On the General Theory of Control Systems. Automatic and Remote Control. Proc. First IFAC-Congress 1960. Verlag Butterworth, London, und R. Oldenbourg, München 1961.

28. vergl. 12.) S. 208.

29. KIENDL, H., SCHNEIDER, G.: Synthese nichtlinearer Regler für die Regelstrecke const/s^2 aufgrund ineinandergeschachtelter abgeschlossener Gebiete beschränkter Stellgröße. Regelungstechnik und Prozeß-Datenverarbeitung, 1972, Heft 7. Dieser Aufsatz ist ein Vorläufer der vorliegenden Arbeit.

30. DAVISON, E.J., KURAK, E.M.: A Computational Method for Determining Quadratic Lyapunov Functions for Non-Linear Systems. Automatica, vol. 7, No. 5, 1971, S. 627-636.

31. WEYRICK, R.C.: Fundamentals of Analog Computers. Englewood Cliffs, N.J.: Prentice-Hall, 1969, S. 40 ff.

32. BELLMAN, R.: Dynamic Programming. Princeton University Press, Princeton, N.J., 1957.

33. KIENDL, H.: Vorträge 1969 und 1970 (Mathematisches Forschungsinstitut Oberwolfach) sowie 1971 (VDI/VDE-Aussprachetag "Systemoptimierung" in Frankfurt; Regelungstechnisches Kolloquium Karlsruhe; Regelungstechnisches Kolloquium Darmstadt).

Lecture Notes in Economics and Mathematical Systems

(Vol. 1–15: Lecture Notes in Operations Research and Mathematical Economics, Vol. 16–59: Lecture Notes in Operations Research and Mathematical Systems)

Vol. 1: H. Bühlmann, H. Loeffel, E. Nievergelt, Einführung in die Theorie und Praxis der Entscheidung bei Unsicherheit. 2. Auflage, IV, 125 Seiten 4°. 1969. DM 16,–

Vol. 2: U. N. Bhat, A Study of the Queueing Systems M/G/1 and GI/M/1. VIII, 78 pages. 4°. 1968. DM 16,–

Vol. 3: A. Strauss, An Introduction to Optimal Control Theory. VI, 153 pages. 4°. 1968. DM 16,–

Vol. 4: Einführung in die Methode Branch and Bound. Herausgegeben von F. Weinberg. VIII, 159 Seiten. 4°. 1968. DM 16,–

Vol. 5: Hyvärinen, Information Theory for Systems Engineers. VIII, 205 pages. 4°. 1968. DM 16,–

Vol. 6: H. P. Künzi, O. Müller, E. Nievergelt, Einführungskursus in die dynamische Programmierung. IV, 103 Seiten. 4°. 1968. DM 16,–

Vol. 7: W. Popp, Einführung in die Theorie der Lagerhaltung. VI, 173 Seiten. 4°. 1968. DM 16,–

Vol. 8: J. Teghem, J. Loris-Teghem, J. P. Lambotte, Modèles d'Attente M/G/1 et GI/M/1 à Arrivées et Services en Groupes. IV, 53 pages. 4°. 1969. DM 16,–

Vol. 9: E. Schultze, Einführung in die mathematischen Grundlagen der Informationstheorie. VI, 116 Seiten. 4°. 1969. DM 16,–

Vol. 10: D. Hochstädter, Stochastische Lagerhaltungsmodelle. VI, 269 Seiten. 4°. 1969. DM 18,–

Vol. 11/12: Mathematical Systems Theory and Economics. Edited by H. W. Kuhn and G. P. Szegö. VIII, IV, 486 pages. 4°. 1969. DM 34,–

Vol. 13: Heuristische Planungsmethoden. Herausgegeben von F. Weinberg und C. A. Zehnder. II, 93 Seiten. 4°. 1969. DM 16,–

Vol. 14: Computing Methods in Optimization Problems. Edited by A. V. Balakrishnan. V, 191 pages. 4°. 1969. DM 16,–

Vol. 15: Economic Models, Estimation and Risk Programming: Essays in Honor of Gerhard Tintner. Edited by K. A. Fox, G. V. L. Narasimham and J. K. Sengupta. VIII, 461 pages. 4°. 1969. DM 24,–

Vol. 16: H. P. Künzi und W. Oettli, Nichtlineare Optimierung: Neuere Verfahren, Bibliographie. IV, 180 Seiten. 4°. 1969. DM 16,–

Vol. 17: H. Bauer und K. Neumann, Berechnung optimaler Steuerungen, Maximumprinzip und dynamische Optimierung. VIII, 188 Seiten. 4°. 1969. DM 16,–

Vol. 18: M. Wolff, Optimale Instandhaltungspolitiken in einfachen Systemen. V, 143 Seiten. 4°. 1970. DM 16,–

Vol. 19: L. Hyvärinen, Mathematical Modeling for Industrial Processes. VI, 122 pages. 4°. 1970. DM 16,–

Vol. 20: G. Uebe, Optimale Fahrpläne. IX, 161 Seiten. 4°. 1970. DM 16,–

Vol. 21: Th. Liebling, Graphentheorie in Planungs- und Tourenproblemen am Beispiel des städtischen Straßendienstes. IX, 118 Seiten. 4°. 1970. DM 16,–

Vol. 22: W. Eichhorn, Theorie der homogenen Produktionsfunktion. VIII, 119 Seiten. 4°. 1970. DM 16,–

Vol. 23: A. Ghosal, Some Aspects of Queueing and Storage Systems. IV, 93 pages. 4°. 1970. DM 16,–

Vol. 24: Feichtinger, Lernprozesse in stochastischen Automaten. V, 66 Seiten. 4°. 1970. DM 16,–

Vol. 25: R. Henn und O. Opitz, Konsum- und Produktionstheorie. I. II, 124 Seiten. 4°. 1970. DM 16,–

Vol. 26: D. Hochstädter und G. Uebe, Ökonometrische Methoden. XII, 250 Seiten. 4°. 1970. DM 18,–

Vol. 27: I. H. Mufti, Computational Methods in Optimal Control Problems. IV, 45 pages. 4°. 1970. DM 16,–

Vol. 28: Theoretical Approaches to Non-Numerical Problem Solving. Edited by R. B. Banerji and M. D. Mesarovic. VI, 466 pages. 4°. 1970. DM 24,–

Vol. 29: S. E. Elmaghraby, Some Network Models in Management Science. III, 177 pages. 4°. 1970. DM 16,–

Vol. 30: H. Noltemeier, Sensitivitätsanalyse bei diskreten linearen Optimierungsproblemen. VI, 102 Seiten. 4°. 1970. DM 16,–

Vol. 31: M. Kühlmeyer, Die nichtzentrale t-Verteilung. II, 106 Seiten. 4°. 1970. DM 16,–

Vol. 32: F. Bartholomes und G. Hotz, Homomorphismen und Reduktionen linearer Sprachen. XII, 143 Seiten. 4°. 1970. DM 16,–

Vol. 33: K. Hinderer, Foundations of Non-stationary Dynamic Programming with Discrete Time Parameter. VI, 160 pages. 4°. 1970. DM 16,–

Vol. 34: H. Störmer, Semi-Markoff-Prozesse mit endlich vielen Zuständen. Theorie und Anwendungen. VII, 128 Seiten. 4°. 1970. DM 16,–

Vol. 35: F. Ferschl, Markovketten. VI, 168 Seiten. 4°. 1970. DM 16,–

Vol. 36: M. P. J. Magill, On a General Economic Theory of Motion. VI, 95 pages. 4°. 1970. DM 16,–

Vol. 37: H. Müller-Merbach, On Round-Off Errors in Linear Programming. VI, 48 pages. 4°. 1970. DM 16,–

Vol. 38: Statistische Methoden I, herausgegeben von E. Walter. VIII, 338 Seiten. 4°. 1970. DM 22,–

Vol. 39: Statistische Methoden II, herausgegeben von E. Walter. IV, 155 Seiten. 4°. 1970. DM 16,–

Vol. 40: H. Drygas, The Coordinate-Free Approach to Gauss-Markov Estimation. VIII, 113 pages. 4°. 1970. DM 16,–

Vol. 41: U. Ueing, Zwei Lösungsmethoden für nichtkonvexe Programmierungsprobleme. VI, 92 Seiten. 4°. 1971. DM 16,–

Vol. 42: A. V. Balakrishnan, Introduction to Optimization Theory in a Hilbert Space. IV, 153 pages. 4°. 1971. DM 16,–

Vol. 43: J. A. Morales, Bayesian Full Information Structural Analysis. VI, 154 pages. 4°. 1971. DM 16,–

Vol. 44: G. Feichtinger, Stochastische Modelle demographischer Prozesse. XIII, 404 Seiten. 4°. 1971. DM 28,–

Vol. 45: K. Wendler, Hauptaustauschschritte (Principal Pivoting). II, 64 Seiten. 4°. 1971. DM 16,–

Vol. 46: C. Boucher, Leçons sur la théorie des automates mathématiques. VIII, 193 pages. 4°. 1971. DM 18,–

Vol. 47: H. A. Nour Eldin, Optimierung linearer Regelsysteme mit quadratischer Zielfunktion. VIII, 163 Seiten. 4°. 1971. DM 16,–

Vol. 48: M. Constam, Fortran für Anfänger. VI, 143 Seiten. 4°. 1971. DM 16,–

Vol. 49: Ch. Schneeweiß, Regelungstechnische stochastische Optimierungsverfahren. XI, 254 Seiten. 4°. 1971. DM 22,–

Vol. 50: Unternehmensforschung Heute – Übersichtsvorträge der Züricher Tagung von SVOR und DGU, September 1970. Herausgegeben von M. Beckmann. VI, 133 Seiten. 4°. 1971. DM 16,–

Vol. 51: Digitale Simulation. Herausgegeben von K. Bauknecht und W. Nef. IV, 207 Seiten. 4°. 1971. DM 18,–

Vol. 52: Invariant Imbedding. Proceedings of the Summer Workshop on Invariant Imbedding Held at the University of Southern California, June – August 1970. Edited by R. E. Bellman and E. D. Denman. IV, 148 pages. 4°. 1971. DM 16,–

Vol. 53: J. Rosenmüller, Kooperative Spiele und Märkte. IV, 152 Seiten. 4°. 1971. DM 16,–

Vol. 54: C. C. von Weizsäcker, Steady State Capital Theory. III, 102 pages. 4°. 1971. DM 16,–

Vol. 55: P. A. V. B. Swamy, Statistical Inference in Random Coefficient Regression Models. VIII, 209 pages. 4°. 1971. DM 20,–

Vol. 56: Mohamed A. El-Hodiri, Constrained Extrema. Introduction to the Differentiable Case with Economic Applications. III, 130 pages. 4°. 1971. DM 16,–

Vol. 57: E. Freund, Zeitvariable Mehrgrößensysteme. VII, 160 Seiten. 4°. 1971. DM 18,–

Vol. 58: P. B. Hagelschuer, Theorie der linearen Dekomposition. VII, 191 Seiten. 4°. 1971. DM 18,–

Vol. 59: J. A. Hanson, Growth in Open Economics. IV, 127 pages. 4°. 1971. DM 16,–

Vol. 60: H. Hauptmann, Schätz- und Kontrolltheorie in stetigen dynamischen Wirtschaftsmodellen. V, 104 Seiten. 4°. 1971. DM 16,–

Vol. 61: K. H. F. Meyer, Wartesysteme mit variabler Bearbeitungsrate. VII, 314 Seiten. 4°. 1971. DM 24,–

Vol. 62: W. Krelle u. G. Gabisch unter Mitarbeit von J. Burgermeister, Wachstumstheorie. VII, 223 Seiten. 4°. 1972. DM 20,–

Vol. 63: J. Kohlas, Monte Carlo Simulation im Operations Research. VI, 162 Seiten. 4°. 1972. DM 16,–

Vol. 64: P. Gessner u. K. Spremann, Optimierung in Funktionenräumen. IV, 120 Seiten. 4°. 1972. DM 16,–

Vol. 65: W. Everling, Exercises in Computer Systems Analysis. VIII, 184 pages. 4°. 1972. DM 18,–

Vol. 66: F. Bauer, P. Garabedian and D. Korn, Supercritical Wing Sections. V, 211 pages. 4°. 1972. DM 20,–

Vol. 67: I. V. Girsanov, Lectures on Mathematical Theory of Extremum Problems. V, 136 pages. 4°. 1972. DM 16,–

Vol. 68: J. Loeckx, Computability and Decidability. An Introduction for Students of Computer Science. VI, 76 pages. 4°. 1972. DM 16,–

Vol. 69: S. Ashour, Sequencing Theory. V, 133 pages. 4°. 1972. DM 16,–

Vol. 70: J. P. Brown, The Economic Effects of Floods. Investigations of a Stochastic Model of Rational Investment Behavior in the Face of Floods. V, 87 pages. 4°. 1972. DM 16,–

Vol. 71: R. Henn und O. Opitz, Konsum- und Produktionstheorie II. V, 134 Seiten. 4°. 1972. DM 16,–

Vol. 72: T. P. Bagchi and J. G. C. Templeton, Numerical Methods in Markov Chains and Bulk Queues. XI, 89 pages. 4°. 1972. DM 16,–

Vol. 73: H. Kiendl, Suboptimale Regler mit abschnittweise linearer Struktur. VI, 146 Seiten. 4°. 1971. DM 16,–